长江三峡坝区岸电实验区
建设与运营方案

《长江三峡坝区岸电实验区建设与运营方案》编委会　编

中国电力出版社
CHINA ELECTRIC POWER PRESS

内 容 提 要

本书针对三峡坝区码头、锚地实际情况和船舶用电需求，深入分析了三峡坝区河段航运发展及岸电应用现状，对具有代表性的码头和锚地进行了调研及技术可行性分析。在此基础上，研究编制了三峡坝区码头、锚地、水上综合生态服务中心相关岸电系统技术方案，以及相关配套标准、检验、检测规范，并提出相关措施建议。

图书在版编目（CIP）数据

长江三峡坝区岸电实验区建设与运营方案/《长江三峡坝区岸电实验区建设与运营方案》编委会编 . -- 北京：中国电力出版社，2021.12
　　ISBN 978-7-5198-6300-5

　　Ⅰ . ①长…　Ⅱ . ①国…　Ⅲ . ①三峡水利工程—水力发电站—岸电—实验区—研究
Ⅳ . ① TV737

中国版本图书馆 CIP 数据核字（2021）第 258525 号

出版发行：中国电力出版社
地　　址：北京市东城区北京站西街 19 号（邮政编码 100005）
网　　址：http：//www.cepp.sgcc.com.cn
责任编辑：马　丹（010-63412725）
责任校对：黄　蓓　常燕昆
装帧设计：郝晓燕
责任印制：钱兴根

印　　刷：北京天宇星印刷厂
版　　次：2021 年 12 月第一版
印　　次：2021 年 12 月北京第一次印刷
开　　本：710 毫米 ×1000 毫米　16 开本
印　　张：6.75
字　　数：116 千字
定　　价：35.00 元

《长江三峡坝区岸电实验区建设与运营方案》

编 委 会

主　编　朱金大

编写人员（按姓氏笔画排序）

丁孝华	于　扬	王　俊	王　瑾
王　磐	王　攀	王　馨	王丙文
王永会	王永照	邓任任	付　威
代亚萌	冯　宜	毕　伟	刘　鸣
刘　昱	刘　俊	刘　琼	齐春平
江　玮	纪　平	李　伟	李　康
李延满	李兴衡	李劲松	杨　洋
杨　勇	吾喻明	吴　泽	何胜利
迟福海	张　毅	张如通	张运贵
陈　娜	陈瑶琴	邵　阳	季青川
金　雪	周立岗	周成达	周梦雅
郑　舒	郑广博	郑梦阳	赵景涛
荣延海	胡　川	胡继昊	柯有智
禹文静	徐　达	黄　健	黄　堃
黄治林	曹林祥	崔　崔	崔志国
彭　涛	彭　辉	葛成余	董　诚
温殿国	霍伟强	鞠　达	

前 言

　　为全面贯彻党的十九大精神，落实党中央、国务院关于生态文明建设重要部署及习近平总书记关于长江大保护的重要指示精神，坚持共抓大保护、不搞大开发，推动长江经济带生态优先、绿色发展，促进经济高质量发展，2018年6月20日，交通运输部、国家能源局、国家电网有限公司（简称国家电网公司）在北京组织召开专题会议，研究部署长江三峡坝区岸电全覆盖建设工作。

　　根据会议安排，国网湖北省电力有限公司作为牵头单位，组织编制了《长江三峡坝区岸电实验区建设布点方案》，计划于2019年底前完成长江三峡坝区岸电全覆盖建设工作。

　　为了确保工作计划顺利完成，针对三峡坝区码头、锚地实际情况和船舶用电需求，2018年7月12日，国网湖北省电力有限公司组织召开长江三峡坝区岸电建设运营组工作协调会，明确建设运营组重点工作及完成时限。2018年7月16日至9月6日，组织长江航务管理局、湖北省交通运输厅港航管理局、三峡通航管理局、中国长江三峡集团公司三峡枢纽管理局、南瑞集团有限公司、国网电动汽车服务有限公司、国网湖北综合能源公司、国网宜昌供电公司等单位，完成《长江三峡坝区岸电实验区建设运营服务方案（征求意见稿）》的集中编制、修订工作。2018年9月7日，完成国网湖北省电力有限公司内部评审，通过后报送交通、能源等部门征求意见。2018年9月18日，建设运营组召开研讨会，对布点方案和建设运营服务方案进行深入研讨，形成方案送审稿。9月28日，国网营销部组织召开专家评审会。根据评审意见，建设运营组进一步完善了布点方案和建设运营服务方案，形成方案收口版。

截至2018年9月30日，编写组共收集各单位反馈意见28条，其中20条被采纳，8条部分采纳或未被采纳。意见未被采纳的主要原因是不符合国家电改政策及2018年6月20日专题会议精神。

　　本方案作为长江三峡坝区岸电建设和运营的框架性指导文件，为后续项目可行性研究、初步设计等工作提供支撑。

目 录

前　言

一、工作目标 1

二、基本原则 2

三、建设方案 3

（一）码头岸电建设方案 3

（二）锚地岸电建设方案 15

（三）运营服务平台建设方案 35

（四）配套电网建设方案 38

（五）水上交通配套设施 45

（六）里程碑计划 47

四、运营服务方案 49

（一）港口和锚地岸电运营服务现状 49

（二）建设运营服务模式分析 50

（三）运营服务平台运营管理 52

五、投资规模及运营成本估算 54

（一）岸电投资规模及运营成本 54

（二）配套电网投资规模及运营成本 56

（三）运营服务平台投资规模 56

（四）水上交通配套设施投资规模 56

（五）小结 57

六、结论与保障措施 58

（一）主要结论 58

（二）保障措施 59

附录 1　岸电设施主要设备参数及造价 61

附录 2　长江三峡坝区岸电实验区建设甘特图 65

附录 3　长江三峡坝区岸电典型供电方式 95

一、工作目标

　　长江三峡坝区岸电实验区建设运营服务项目结合长江三峡坝区码头和锚地现状，长江三峡坝区各类型码头及锚地研究岸电建设技术方案，深入分析各类型岸电系统建设运营模式，完成长江三峡坝区16个码头和12个锚地的岸电设施和车船一体化综合运营服务平台建设，并提出岸电配套支持政策需求，形成长江三峡坝区岸电建设运营新格局。

　　（1）2018年年底前，完成长江三峡坝区12个码头、沙湾锚地一期和仙人桥锚地二期的岸电建设工作。2019年年底前，完成剩余4个码头、10个锚地、沙湾锚地二期和仙人桥锚地二期的岸电建设工作，实现全覆盖。

　　（2）研究长江三峡坝区岸电建设运营模式，形成互利共赢、高效便捷，可在长江流域其他地区复制推广的岸电建设运营新模式。

　　（3）建成基于国家电网公司智慧车联网的车船一体化综合运营服务平台，形成规范、智能的新型岸电服务模式。

　　（4）结合岸电建设和运营服务模式，提出支持三峡坝区岸电发展的补贴、环保、航运管理、标准规范等政策需求。

二、基本原则

1. 合作共赢、多方参与

针对长江三峡坝区码头和锚地现状，灵活选取岸电建设运营模式，形成利益共享、风险共担的合作机制，充分调动各方积极性，形成合力，共同推进岸电建设工作。

2. 先客后货、分类分级

结合长江三峡坝区各类码头、锚地规模、性质、船舶类型、用电需求等特点，按照"先易后难，先客后货，试点先行"的原则，分类别、分区域、分阶段有序推进岸电建设全覆盖工作。

3. 互联互通、优质服务

完善国家电网公司车船一体化综合运营服务平台，简化用户注册、清分结算等流程，实现长江三峡坝区岸电设施互联互通，为船舶提供统一结算、远程监控、智能运维等优质服务。

4. 整合资源、高效投资

充分整合长江三峡坝区码头、锚地所在地现有配套电网资源，满足岸电设施用电需求，加强配套电网规划，科学建设配电变压器、线路等公用配电设施，提高投资经济性。

三、建设方案

（一）码头岸电建设方案

1. 游轮码头

长江三峡坝区游轮码头有6个，共有泊位16个。

（1）岸电技术方案简介。

游轮码头岸电系统由岸基供电设备、电缆收放系统、10kV/400V供电趸船、船岸连接设备及岸电管理系统组成。在斜坡上沿着电缆走向铺设托辊式电缆桥架，10kV电缆放置在托辊上进行移动和收放。单艘游轮按500kVA配备供电容量。游轮码头岸电电源系统如图3-1所示。

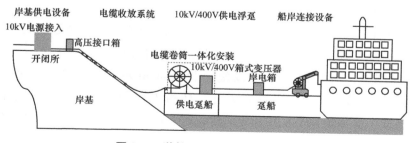

图 3-1　游轮码头岸电系统示意图

结合长江三峡坝区游轮码头现状，为减少运维工作量，提高安全性和投资经济性，电缆卷盘宜安装在岸上，两坝间及坝下水位落差较小，原则上无须配置电缆卷盘，视现场情况而定。10kV岸基供电电缆收放系统方案如图3-2所示。

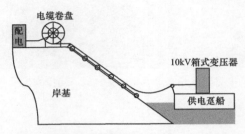

图3-2　10kV岸基供电电缆收放系统方案

（2）建设内容和投资界面。

1）建设内容。

6个游轮码头实施岸电工程后将新增户外高压开闭所7套，高压接电箱（10kV/3000kVA）10台，电缆收放系统（10kV/3000kVA）3套，滚动式桥架3套，高压接电箱（10kV/1000kVA）4台，岸电电源箱式变压器（环网10kV/1000kVA）5台，岸电电源箱式变压器（终端10kV/1000kVA）11台，电缆支架1640m，岸电箱（0.4kV/500kVA）32套，10kV电缆（8.7/15kV-3×70+1×35）1320m，低压电缆（0.6/1kV-3×240+1×120船用电缆）1600m，可滚动移动式电缆卷盘32套。

2）投资。

项目取费标准执行《20kV及以下配电网工程定额和费用计算规定》（国能电力〔2017〕6号）。

定额标准执行《20kV及以下配电网工程概算定额（2016年版）第二册——电气设备安装工程》。

主要设备参数及造价标准：工程设备及主要材料价格参考近期实际招标价格或参考近期市场价格。具体情况参见附录1中附表1-1。

根据测算，游轮码头岸电设施总投资4656.96万元，其中设备购置费3755.10万元，安装工程费563.79万元，建筑工程费46.61万元，基本预备费135.64万元，其他费用155.81万元。游轮码头岸电设施工程量清单及投资具体情况见表3-1。

表 3-1　游轮码头岸电设施工程量清单及投资情况

序号	码头	户外高压开闭所（5间隔）（套）	岸电监控系统	高压接电箱（10kV/3000kVA）（台）	电缆支架（m）	电缆收放系统（10kV/3000kVA）（套）	岸电箱（0.4kV/500kVA）（套）	滚动式桥架（套）	10kV电缆（YJV22-8.7/15kV-3×70+1×35）（m）	高压接电箱（10kV/1000kVA）（台）	低压电缆（0.6/1kV-3×240+1×120船用电缆）（m）	岸电电源箱变（环网）（10kV/1000kVA）（台）	可滚动移动式电缆卷盘（套）	岸电电源箱变压器（终端）（10kV/1000kVA）（台）	投资（万元）	建设年份（年）
1	三峡客运中心码头	1	0	2	220	1	6	1	260	0	300	1	6	2	882.09	2018
2	交运集团黄柏河码头	1	0	0	260	0	2	0	60	2	100	0	2	1	364.91	2018
3	黄陵庙旅游码头	1	0	2	200	1	4	0	160	0	200	1	4	1	538.84	2018
4	三斗坪旅游码头	1	0	2	220	1	6	0	260	0	300	1	6	2	747.50	2018
5	三游洞旅游码头	1	0	2	260	1	2	0	60	2	100	0	2	1	337.68	2018
6	茅坪客运码头	2	0	4	480	2	12	2	520	0	600	2	12	4	1785.94	2018
合计		7	0	10	1640	6	32	3	1320	4	1600	5	32	11	4656.96	—

3）投资界面。

配套电网和岸电设施的投资分界点在10kV高压开闭所前的第一断路器或第一支持物处，供电趸船等属于水上交通配套设施。

配套电网：从公用线路搭接至10kV高压开闭所前第一断路器或第一支持物的10kV线路，第一断路器或第一支持物属于配套电网。

岸电设施：10kV高压开闭所及其之后的高压接电箱、电缆收放系统、箱式变压器、岸电箱、电缆、可滚动移动式电缆卷盘等。

水上交通配套设施：供电趸船、浮墩及跳板、电缆沟等。

（3）用电量测算。

根据游轮码头运营情况，坝区内日停泊大型游轮约20艘，每艘游轮日均用电量约5000kWh，年平均停靠时间200天，经测算，年用电量为2000万kWh。

（4）效益分析。

1）经济效益分析。

游轮码头服务费暂按0.6元/kWh收取，岸电建成后新增电量约2000万kWh/年，折现率按6%，项目使用年限按15年，岸电补贴按设备购置费的40%考虑。根据测算，游轮码头岸电设施投资回收期为2.95年，项目净现值为8499.79万元，内部收益率为30.81%，项目经济效益良好。

2）社会效益分析。

项目实施后，该游轮码头每年可减少燃油消耗4120t，折算标准煤6400t，减排二氧化碳15 600t，减排二氧化硫、氮氧化物167.98t。

2. 干散货码头

长江三峡坝区干散货码头有8个，共有泊位17个。

（1）岸电技术方案简介。

散货船的辅机功率平均为80kW，岸基供电直接采用400V供电即可，岸电系统由岸基供电设备、电缆提升/输送装置等部分组成。岸基供电设备包括400V隔离变压器、岸电箱及低压电缆。岸上安装电缆提升装置将电缆送至船上。干散货码头岸电电源系统如图3-3所示。

（2）建设内容和投资界面。

1）建设内容。

8个干散货码头实施岸电工程后将新增电缆收放系统（电缆提升装置）17套，岸电箱（0.4kV/80kVA）17套，低压电缆（0.6/1kV-3×120+1×60）12 470m，400V隔离变压器17台，绝缘监测装置17套。

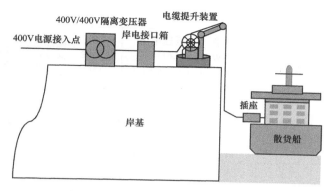

图 3-3　干散货码头岸电系统示意图

2）投资。

项目取费标准执行《20kV及以下配电网工程定额和费用计算规定》（国能电力〔2017〕6号）。

定额标准执行《20kV及以下配电网工程概算定额（2016年版）第二册——电气设备安装工程》。

主要设备参数及造价标准：工程设备及主要材料价格参考近期实际招标价格或近期市场价格，具体情况参见附录1中附表1-1。

根据测算，干散货码头岸电设施总投资1611.89万元，其中设备购置费843.92万元，安装工程费634.36万元，建筑工程费6.27万元，基本预备费46.95万元，其他费用80.39万元。干散货码头岸电设施工程量清单及投资具体情况见表3-2。

表 3-2　　　　　　　干散货码头方案岸电设施工程量清单及投资情况

序号	码头	电缆收放系统（套）	岸电箱（0.4kV/80kVA）（套）	低压电缆（0.6/1kV-3×120+1×60）（m）	400V隔离变压器（台）	绝缘监测装置（套）	投资（万元）	建设年份（年）
1	汇洋港埠码头	3	3	2400	3	3	291.04	2018
2	磨盘码头	3	3	2000	3	3	275.56	2018
3	泰和码头	3	3	1900	3	3	272.01	2018
4	宜昌市成林航运有限责任公司码头	2	2	1450	2	2	188.55	2018

续表

序号	码头	电缆收放系统（套）	岸电箱（0.4kV/80kVA）（套）	低压电缆（0.6/1kV-3×120+1×60）(m)	400V隔离变压器（台）	绝缘监测装置（套）	投资（万元）	建设年份（年）
5	宜昌船舶柴油机厂重件码头	1	1	750	1	1	96.46	2019
6	福广码头	2	2	1520	2	2	192.61	2019
7	尖棚岭码头	1	1	850	1	1	100.13	2019
8	佳鑫码头	2	2	1600	2	2	195.55	2019
合计		17	17	12 470	17	17	1611.91	—

3）投资界面。

配套电网和岸电设施的投资分界点在岸上400V隔离变压器前的第一支持物处，电缆沟等属于水上交通配套设施。

配套电网：从10kV公用线路至400V隔离变压器前第一支持物的10kV线路、配电变压器、低压电缆、电能计量表等；或400V公用线路至400V隔离变压器前第一支持物的低压电缆、电能计量表等，第一支持物属于配套电网。

岸电设施：400V隔离变压器、绝缘监测装置、岸电箱、电缆收放系统、低压电缆等。

水上交通配套设施：电缆沟等。

（3）用电量测算。

根据干散货码头运营情况，坝区内平均日停泊干散货船只约15艘，停泊期间日均用电量约40kWh，经测算，年用电量为21.9万kWh。

（4）效益分析。

1）经济效益分析。

干散货码头服务费暂按0.6元/kWh收取，岸电建成后新增电量约21.9万kWh/年，折现率按6%，项目使用年限按15年，岸电补贴按设备购置费的40%考虑。根据测算，干散货码头岸电无法收回设施投资，项目净现值为－1146.70万元，项目经济效益很差。

2）社会效益分析。

项目实施后，该干散货码头每年可减少燃油消耗45.11t，折算标准煤70.08t，减排二氧化碳170.82t，减排二氧化硫、氮氧化物1.84t。

3. 滚装船码头

长江三峡坝区有滚装船码头1个，共有泊位5个。

（1）岸电技术方案简介。

鉴于滚装船码头与干散货码头岸电技术方案基本相同，参见本章"2. 干散货码头"下"（1）岸电技术方案简介"。

（2）建设内容和投资界面。

1）建设内容。

1个滚装船码头实施岸电工程后将新增电缆收放系统（电缆提升装置）5套，岸电箱（0.4kV/150kVA）5套，低压电缆（0.6/1kV–3×120+1×60）4000m，400V隔离变压器5台，绝缘监测装置5套。

2）投资。

项目取费标准执行《20kV及以下配电网工程定额和费用计算规定》（国能电力〔2017〕6号）。

定额标准执行《20kV及以下配电网工程概算定额（2016年版）第二册——电气设备安装工程》。

主要设备参数及造价标准：工程设备及主要材料价格参考近期实际招标价格或近期市场价格。具体情况参见附录1中附表1–1。

根据测算，滚装船码头岸电设施总投资560.66万元，其中设备购置费319.72万元，安装工程费193.94万元，建筑工程费1.91万元，基本预备费16.33万元，其他费用28.76万元。滚装船码头岸电设施工程量清单及投资具体情况见表3–3。

表3-3　　　　　　　滚装船码头方案岸电设施工程量清单及投资情况

码头	电缆收放系统（电缆提升装置）（套）	岸电箱（0.4kV/150kVA）（套）	低压电缆（0.6/1kV 3×120+1×60）（m）	400V隔离变压器	绝缘监测装置	投资（万元）	建设年份（年）
银杏沱滚装码头	5	5	4000	5	5	560.66	2018

3）投资界面。

配套电网和岸电设施的投资分界点在岸上400V隔离变压器前的第一支持物处，电缆沟等属于水上交通配套设施。具体明细如下。

配套电网：从10kV公用线路至400V隔离变压器前第一支持物的10kV线路、配电变压器、低压电缆、电能计量表等，或400V公用线路至400V隔离变压器前第一支持物的低压电缆、电能计量表等，第一支持物属于配套电网。

岸电设施：400V隔离变压器、绝缘监测装置、岸电箱、电缆收放系统、低压电缆等。

水上交通配套设施：电缆沟等。

（3）用电量测算。

根据滚装船码头运营情况，坝区内平均日停泊滚装船约4艘，停泊期间日均用电量约50kWh，经测算，年用电量为7.3万kWh。

（4）效益分析。

1）经济效益分析。

滚装船码头服务费暂按0.6元/kWh收取，岸电建成后新增电量约7.3万kWh/年，折现率按6%，项目使用年限按15年，岸电补贴按设备购置费的40%考虑。根据测算，滚装船码头岸电设施无法收回投资，项目净现值为−390.23万元，项目经济效益很差。

2）社会效益分析。

项目实施后，该滚装船码头每年可减少燃油消耗15.04t，折算标准煤23.36t，减排二氧化碳56.94t，减排二氧化硫、氮氧化物0.61t。

4. 综合码头

长江三峡坝区有综合码头1个，共有泊位3个。

（1）岸电技术方案简介。

综合码头涉及的游轮码头岸电技术方案和干散货码头岸电技术方案分别参见本章"1.游轮码头""2.干散货码头"下"（1）岸电技术方案简介"。

（2）建设内容和投资界面。

1）建设内容。

太平溪客运码头实施岸电工程后将新增户外高压开闭所1套、高压接电箱（10kV/3000kVA）2台、电缆收放系统1套、滚动式桥架1套、岸电电源箱式变压器（环网10kV/1000kVA）1台、岸电电源箱式变压器（终端10kV/1000kVA）1台、电缆支架200m、岸电箱（0.4kV/500kVA）4套、岸电箱（0.4kV/80kVA）1套、

10kV电缆（8.7/15kV–3×70+1×35）130m、低压电缆（0.6/1kV–3×240+1×120船用电缆）200m、低压电缆（0.6/1kV–3×50+1×25）800m、可滚动移动式电缆卷盘4套、电缆提升装置1套、400V隔离变压器1台、绝缘监测装置1套。

2）投资。

项目取费标准执行《20kV及以下配电网工程定额和费用计算规定》（国能电力〔2017〕6号）。

定额标准执行《20kV及以下配电网工程概算定额（2016年版）第二册——电气设备安装工程》。

主要设备参数及造价标准：工程设备及主要材料价格参考近期实际招标价格或近期市场价格。具体情况参见附录1中附表1–1。

根据测算，综合码头岸电设施总投资765.76万元，其中设备购置费602.69万元，安装工程费107.10万元，建筑工程费6.19万元，基本预备费22.30万元，其他费用27.48万元。综合码头岸电设施工程量清单及投资具体情况见表3–4。

3）投资界面。

综合码头中，游轮码头和干散货码头投资界面分别参见本章"1.游轮码头""2.干散货码头"下"（2）建设内容和投资界面"中相关内容。

（3）用电量测算。

根据综合码头运营情况，平均日停泊游轮1艘、干散货船只1艘，参照本章"1.游轮码头""2.干散货码头"下"（3）用电量测算"相关内容，经测算，综合码头年用电量为101.8万kWh。

（4）效益分析。

1）经济效益分析。

综合码头服务费暂按0.6元/kWh收取，岸电建成后新增电量约101.8万kWh/年，折现率按6%，项目使用年限按15年，岸电补贴按设备购置费的40%考虑。根据测算，综合码头岸电设施投资回收期为12.33年，项目净现值为68.54万元，内部收益率为–3.45%，项目经济效益较好。

2）社会效益分析。

项目实施后，该综合码头每年可减少燃油消耗209.71t，折算标准煤325.76t，减排二氧化碳794.04t，减排二氧化硫、氮氧化物8.55t。

5. 小结

综上所述，码头岸电建设方案基本情况见表3–5。

表3-4 综合码头岸电施工工程量清单及投资情况

大平溪客运码头	
游轮码头方案	
户外高压开闭所（5间隔）（套）	1
10kV电缆（8.7/15kV-3×70+1×35）（m）	130
电缆收放系统（10kV/3000kVA）（套）	1
低压电缆（0.6/1kV-3×240+1×120船用电缆）（m）	200
滚动式桥架（套）	1
可滚动移动式电缆卷盘（套）	4
高压接电箱（10kV/3000kVA）（台）	2
电缆支架（m）	200
岸电电源箱式（环网）变压器（10kV/1000kVA）（台）	1
岸电箱（0.4kV/500kVA）（套）	4
岸电电源箱式（终端）变压器（10kV/1000kVA）（台）	1
干散货方案	
电缆提升装置（套）	1
400V隔离变压器	1
岸电箱（0.4kV/80kVA）（套）	1
绝缘监测装置	—
低压电缆（0.6/1kV-3×10+1×5）（m）	800
低压电缆	—
投资（万元）	765.76
建设年份（年）	2018

表 3-5

码头岸电建设方案基本情况表

序号	港口名称	码头类别	泊位情况（个）					适用技术方案	岸电设施投资（万元）	投资回收期（年）	净现值（万元）	内部收益率（%）	建设年份（年）
			总数	游轮	干散货	滚装船							
1	三峡客运中心码头	游轮	3	3	0	0	游轮码头岸电技术方案	882.09	2.95	8499.79	30.81	2018
2	交运集团黄柏河码头	游轮	1	1	0	0		364.91				2018
3	黄陵庙旅游码头	游轮	2	2	0	0		538.84				2018
4	宜昌港三斗坪旅游码头	游轮	3	3	0	0		747.50				2018
5	三游洞旅游码头	游轮	1	1	0	0		337.68				2018
6	茅坪客运码头	游轮	6	6	0	0		1785.94				2018
7	银杏沱滚装码头	滚装船	5	0	0	5	干散货码头岸电技术方案	560.66	>15	-390.23	—	2018
8	太平溪客运码头	综合	3	2	1	0	游轮码头和干散货码头岸电技术方案	765.77	12.33	68.54	-3.45	2018

续表

序号	港口名称	码头类别	泊位情况（个）				适用技术方案	岸电设施投资（万元）	投资回收期（年）	净现值（万元）	内部收益率（%）	建设年份（年）
			总数	游轮	干散货	滚装船						
9	汇洋港埠码头	干散货	3	0	3	0		291.04				2018
10	磨盘码头	干散货	3	0	3	0		275.56				2018
11	泰和码头	干散货	3	0	3	0		272.01				2018
12	宜昌市成林航运有限责任公司码头	干散货	2	0	2	0	干散货码头岸电技术方案	188.55	>15	-1146.7	—	2018
13	宜昌船舶柴油机厂重件码头	干散货	1	0	1	0		96.46				2019
14	福广码头	干散货	2	0	2	0		192.61				2019
15	尖棚岭码头	干散货	1	0	1	0		100.13				2019
16	佳鑫码头	干散货	2	0	2	0		195.55				2019
合计			41	18	18	5	—	7595.30	—	—	—	

（二）锚地岸电建设方案

1. 丁靠系泊锚地

12处锚地中有2处丁靠系泊锚地，停靠船只合计12只。

（1）岸电技术方案简介。

丁靠船舶主要船型为5000t以下的散货船，通常三艘船一组，系泊至岸上的系船桩。每组船舶总用电负荷约90kW（3×30kW），采用低压400V通过隔离变压器供电。岸电系统主要由400V/400kVA隔离变压器、接电箱、电缆收放系统、岸电箱等部分组成。

1）岸基供电设备：400V/400kVA隔离变压器、接电箱。

2）电缆收放系统及船岸连接设备。

方案一。如图3-4所示，接电箱、电缆卷盘设置岸坡最高处，配置3个统一规格插座的岸电箱安装于接口缆车上。通过钢丝绳牵引缆车在沿斜坡铺设的轨道上移动。电缆卷盘设置成恒张力模式，通过收放钢丝绳从而自动收放电缆，将岸电箱运输至受电船舶附近。

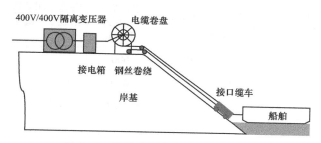

图3-4　轨道式丁靠岸电系统示意图

方案二。沿岸坡布置3个岸电箱位置点，人工根据水位移动岸电箱位置。三峡枢纽工程正常运行按175m、145m、155m三种水位调度，每种水位均会维持一段时间，水位升降可提前预知，因此可选择在178m、148m、158m水位处设置岸电箱基础。岸电箱选用防腐轻质材质，便于搬运。导线可选用多段连接方式，随岸电箱一起同时进行移动。

（2）建设内容和投资界面。

1）建设内容。

老太平溪和靖江溪2个丁靠系泊锚地实施岸电工程后将新增400V隔离变压器4台，岸电箱（0.4kV/150kVA，三接口）4套，岸电箱接口箱（0.4kV/150kVA）4套，低压电缆（0.6/1kV-3×70+1×25）1200m，岸电管理系统2套，绝缘监测装置4套。

2）投资。

项目取费标准执行《20kV及以下配电网工程定额和费用计算规定》（国能电力〔2017〕6号）。

定额标准执行《20kV及以下配电网工程概算定额（2016年版）第二册——电气设备安装工程》。

主要设备参数及造价标准：工程设备及主要材料价格参考近期实际招标价格或近期市场价格。具体情况参见附录1中附表1-1。

根据测算，丁靠系泊锚地岸电设施总投资341.32万元，其中设备购置费259.81万元，安装工程费54.90万元，建筑工程费1.43万元，基本预备费9.94万元，其他费用15.23万元。丁靠系泊锚地岸电设施工程量清单及投资具体情况见表3-6。

表3-6　　　　　　　　丁靠系泊方案岸电设施工程量清单及投资情况

序号	锚地	400V隔离变压器（台）	岸电箱（0.4kV/150kVA，三接口）（套）	岸电接口箱（0.4kV/150kVA）（套）	低压电缆（0.6/1kV-3×70+1×25）（m）	岸电管理系统	绝缘监测装置（套）	投资（万元）	建设年份（年）
1	老太平溪	2	2	2	600	1	2	170.66	2019
2	靖江溪	2	2	2	600	1	2	170.66	2019
	合计	4	4	4	1200	2	4	341.32	—

3）投资界面。

配套电网和岸电设施的投资分界点在岸上400V隔离变压器前的第一支持物处，无水上交通配套设施。

配套电网：从10kV公用线路至400V隔离变压器前第一支持物的10kV线路、配电变压器、低压电缆、电能计量表等；或400V公用线路至400V隔离变压器前第一支持物的低压电缆、电能计量表等，第一支持物属于配套电网。

岸电设施：岸电箱、岸电接口箱、低压电缆、400V隔离变压器、岸电管理系统、绝缘监测装置等。

水上交通配套设施：无。

（3）用电量测算。

根据丁靠系泊锚地运营情况，平均日系泊船只约4艘，停泊期间日均用电量约20kWh，经测算，年用电量为2.92万kWh。

（4）效益分析。

1）经济效益分析。

丁靠系泊锚地服务费暂按0.6元/kWh收取，岸电建成后新增电量约2.92万kWh/年，折现率按6%考虑，项目使用年限按15年考虑。根据测算，丁靠系泊锚地岸电设施在项目使用年限内无法回收投资，项目净现值为–220.37万元，项目经济效益很差。

2）社会效益分析。

项目实施后，该锚地每年可减少燃油消耗6.02t，折算标准煤9.34t，减排二氧化碳22.78t，减排二氧化硫、氮氧化物0.25t。

2. 趸船系泊锚地

12处锚地中有1处趸船系泊锚地，停靠船只合计6只。

（1）岸电技术方案简介。

趸船系泊岸电系统主要由供电趸船、岸电箱、电缆收放系统、船岸连接电缆等组成。趸船系泊岸电系统结构如图3-5所示。

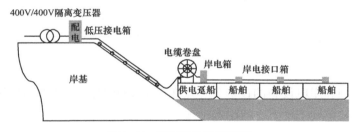

图3-5　趸船系泊供电方案

在供电趸船的两舷合适位置分别设置一个岸电箱，每个岸电箱配置2个岸电插座，岸电箱输入侧接至趸船400V电力系统。同时在趸船上配置一定的电缆收放装置，便于为附近抛锚自泊的船舶提供电源供给。

系泊船舶与岸电箱之间的连接，可以每艘船舶直接与岸电箱连接，也可以通过相邻船舶采用T形接口箱跨接方式连接。

（2）建设内容及投资界面。

1）建设内容。

杉木溪（趸船）锚地实施岸电工程后将新增电缆收放系统（0.4kV/90kVA）2套，岸电箱（0.4kV/80kVA，两接口）4套，低压电缆（0.6/1kV–3×50+1×25）380m，水上机器人2台，400V隔离变压器2台，绝缘监测装置2套。

2）投资。

项目取费标准执行《20kV及以下配电网工程定额和费用计算规定》（国能电力〔2017〕6号）。

定额标准执行《20kV及以下配电网工程概算定额（2016年版）第二册——电气设备安装工程》。

主要设备参数及造价标准：工程设备及主要材料价格参考近期实际招标价格或近期市场价格。具体情况参见附录1中附表1-1。

根据测算，趸船岸电设施总投资666.45万元，其中设备购置费595.14万元，安装工程费17.00万元，基本预备费19.41万元，其他费用34.90万元。趸船系泊锚地岸电设施工程量清单及投资具体情况见表3-7。

表3-7 　　　　　　　　趸船系泊锚地岸电设施工程量清单及投资情况

锚地	电缆收放系统（0.4kV/90kVA）（套）	岸电箱（0.4kV/80kVA，两接口）（套）	低压电缆（0.6/1kV-3×50+1×25）（m）	水上机器人（台）	400V隔离变压器（台）	绝缘监测装置（套）	投资（万元）	建设年份（年）
杉木溪（趸船）	2	4	380	2	2	2	666.45	2019

3）投资界面。

配套电网和岸电设施的投资分界点在岸上400V隔离变压器前的第一支持物处，供电趸船等属于水上交通配套设施。

配套电网：从10kV公用线路至400V隔离变压器前第一支持物的10kV线路、配电变压器、低压电缆、电能计量表等；或400V公用线路至400V隔离变压器前第一支持物的低压电缆、电能计量表等，第一支持物属于配套电网。

岸电设施：电缆收放系统（0.4kV/90kVA）、岸电箱（0.4kV/80kVA，两接口）、水上机器人、低压电缆（岸边变压器至趸船接口箱、趸船接口箱至船上接口箱）、400V隔离变压器、绝缘监测装置等。

水上交通配套设施：供电趸船、浮墩及跳板等。

（3）用电量测算。

根据锚地运营情况，趸船系泊锚地平均日系泊船只约5艘，停泊期间日均用电量约20kWh，经测算，年用电量为3.65万kWh。

（4）效益分析。

1）经济效益分析。

趸船系泊锚地服务费暂按0.6元/kWh收取，岸电建成后新增电量约3.65万kWh/年，折现率按6%，项目使用年限按15年，岸电补贴按设备购置费的40%考虑。根据测算，趸船系泊锚地岸电设施在项目使用年限内无法回收投资，项目净现值为−407.12万元，项目经济效益很差。

2）社会效益分析。

项目实施后，该锚地每年可减少燃油消耗7.52t，折算标准煤11.68t，减排二氧化碳28.47t，减排二氧化硫、氮氧化物0.31t。

3. 靠船墩系泊锚地

12处锚地中有1处靠船墩系泊锚地，停靠船只合计24只。

（1）岸电技术方案简介。

靠船墩系泊岸电系统主要由400V低压电缆、低压接电箱、电缆收放系统、岸电箱、船岸连接电缆等组成。

1）岸基供电设备：400V/400kVA隔离变压器、接电箱。

2）电缆收放系统及船岸连接设备。

方案一。如图3-6 ~ 图3-8所示，在两个靠船墩之间设置浮趸，在靠船墩两侧安装导轨，将浮趸安装在四根导轨及两根靠船墩围绕的空间内，使其随水位上下自动升降，电缆卷盘安装于趸船上，从岸边400V接电箱取电，输出端连接至岸电箱。电缆卷盘设置成恒张力模式，可根据水位变化自动收放电缆。

每一组靠船墩设置两套浮趸供电系统，采用400V江底电缆供电，由于存在船舶并靠停泊，建议三艘船一组，使用T型连接实现分组供电，解决跨船连接问题。

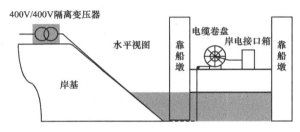

图3-6 浮趸式靠船墩系泊岸电系统水平视图

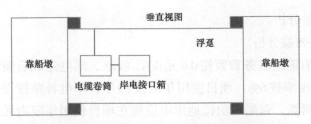

图 3-7　浮趸式靠船墩系泊岸电系统垂直视图

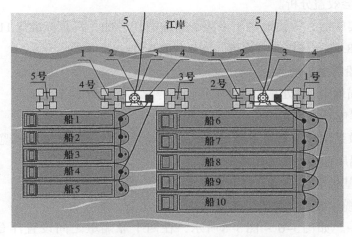

图 3-8　浮趸式靠船墩系泊岸电系统船岸连接示意图
1—靠船墩；2—电缆卷盘；3—浮趸；4—岸电箱；5—400V 电缆

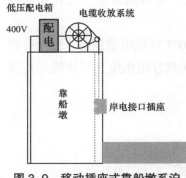

**图 3-9　移动插座式靠船墩系泊
岸电系统**

方案二。如图 3-9 所示，将岸电箱、电缆卷盘安装于靠船墩顶端，沿靠船墩垂直方向设置电缆槽，电缆卷盘收放端接头为移动式岸电接口插座，可通过电缆卷盘而上下移动。

（2）建设内容和投资界面。

1）建设内容。

仙人桥锚地一期岸电工程采用方案二，实施后将新增低压配电箱 2 个，电缆收放系统（400V/300kVA）2 套，岸电箱（0.4kV/300kVA）2 套，低压电缆（0.6/1kV-3×300+1×150）600m，

岸电管理系统 1 套，400V 隔离变压器 2 台，绝缘监测装置 2 套。

仙人桥锚地二期岸电工程采用方案一，实施后将新增低压配电箱2个，电缆收放系统（400V/300kVA）2套，岸电箱（0.4kV/160kVA）4套，水上机器人2台，低压电缆（0.6/1kV–3×150+1×70）220m，岸电管理系统1套，400V隔离变压器2台，绝缘监测装置2套，墩间浮趸2个。

2）投资。

项目取费标准执行《20kV及以下配电网工程定额和费用计算规定》（国能电力〔2017〕6号）。

定额标准执行《20kV及以下配电网工程概算定额（2016年版）第二册——电气设备安装工程》。

主要设备参数及造价标准：工程设备及主要材料价格参考近期实际招标价格或近期市场价格。具体情况参见附录1中附表1–1。

根据测算，靠船墩系泊锚地岸电设施总投资1617.10万元，其中设备购置费829.77万元，安装工程费652.87万元，基本预备费47.10万元，其他费用87.37万元。

其中仙人桥锚地一期岸电设施总投资502.32万元，仙人桥锚地二期岸电设施总投资1114.79万元。靠船墩系泊锚地岸电设施工程量清单及投资具体情况见表3–8、表3–9。

表3–8　　靠船墩系泊锚地岸电设施工程量清单及投资情况（仙人桥锚地一期）

锚地	低压配电箱（个）	岸电管理系统（套）	电缆收放系统（套）	岸电箱（0.4kV/300kVA）（套）	低压电缆（0.6/1kV–3x300+1x150）（m）	400V隔离变压器（台）	绝缘监测装置（套）	投资（万元）	建设年份（年）
仙人桥	2	1	2	2	600	2	2	502.32	2018

表3–9　　靠船墩系泊锚地岸电设施工程量清单及投资情况（仙人桥锚地二期）

锚地	低压配电箱（个）	岸电管理系统（套）	电缆收放系统（套）	岸电箱（0.4kV/160kVA）（套）	低压电缆（0.6/1kV–3×150+1×70）（m）	水上机器人（台）	400V隔离变压器（台）	绝缘监测装置（套）	墩间浮趸（个）	投资（万元）	建设年份（年）
仙人桥	2	1	2	4	220	2	2	2	2	1114.79	2019

3）投资界面。

配套电网和岸电设施的投资分界点在岸上400V隔离变压器前的第一支持物处，浮趸等属于水上交通配套设施。

配套电网：从10kV公用线路至400V隔离变压器前第一支持物的10kV线路、配电变压器、低压电缆、电能计量表等；或400V公用线路至400V隔离变压器前第一支持物的低压电缆、电能计量表等，第一支持物属于配套电网。

岸电设施：低压配电箱、岸电管理系统、电缆收放系统、岸电箱、低压电缆、水上机器人、400V隔离变压器、绝缘监测装置等。

水上交通配套设施：浮趸等。

（3）用电量测算。

根据靠船墩系泊锚地运营情况，平均日系泊船只约16艘，停泊期间日均用电量约50kWh，经测算，年用电量为29.2万kWh。

（4）效益分析。

1）经济效益分析。

靠船墩系泊锚地服务费暂按0.6元/kWh收取，岸电建成后新增电量约29.2万kWh/年，折现率按6%，项目使用年限按15年，岸电补贴按设备购置费的40%考虑。根据测算，靠船墩系泊锚地岸电设施在项目使用年限内无法回收投资，项目净现值为–1115.04万元，项目经济效益很差。

2）社会效益分析。

项目实施后，该锚地每年可减少燃油消耗60.15t，折算标准煤93.44t，减排二氧化碳227.76t，减排二氧化硫、氮氧化物2.45t。

4. 抛锚自泊锚地

12处锚地中有4处抛锚自泊锚地，停靠船只合计122只。

（1）岸电技术方案简介。

抛锚自泊货船一般布置在江中水域。距离岸边较远，无法设置船岸连接设施。考虑在江中布置远岸趸船供电，采用电缆通过江底埋深敷设至趸船下方后，再垂直伸至趸船甲板上与趸船岸电箱连接，如图3–10所示。

趸船配置10kV/400V箱式变压器，由趸船对船舶400V供电的方案。趸船两侧停靠，船舶系泊6艘，抛锚自泊6艘。船舶停靠方式以垂直岸线方向为一排，每一排配置一艘靠泊趸船。趸船与岸基之间供电采用10kV江底电缆方式，满足两艘趸船供电需求。趸船之间通过浮桥连接。系统布置图如图3–11所示。

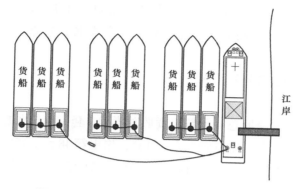

图 3-10 抛锚自泊趸船至船供电系统

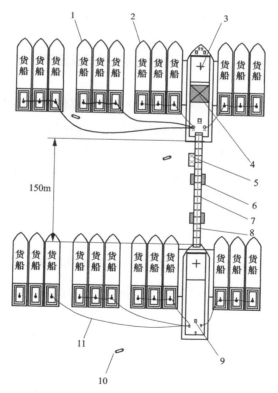

图 3-11 锚地船舶锚泊示意图

1—自抛货船；2—系泊货船；3—趸船；4—电塔；5—水上机器人泊位；
6—浮墩；7—钢引桥；8—趸船间电缆；9—趸船电缆卷绕系统；
10—水上机器人；11—供电电缆

趸船外舷安装4个2×80kW岸电箱，内舷安装2个2×80kW岸电箱。趸船对外供电采用分组供电的方式，每组内部可采用T型连接箱跨船连接方案，每一组船舶与趸船之间采用浮筒式移动插座或水上电缆输送机器人实现跨船连接。

（2）建设内容和投资界面。

1）建设内容。

4个抛锚自泊锚地总计配置电缆收放卷盘7套，电缆收放系统22套，岸电电源箱式变压器7台，岸电管理系统4套，岸电箱48台，10kV电缆（8.7/15kV–3×25）2100m，低压电缆（0.6/1kV–3×50+1×25）5500m，电缆支架3360m，水上机器人22台。

2）投资。

项目取费标准执行《20kV及以下配电网工程定额和费用计算规定》（国能电力〔2017〕6号）。

定额标准执行《20kV及以下配电网工程概算定额（2016年版）第二册——电气设备安装工程》。

主要设备参数及造价标准：工程设备及主要材料价格参考近期实际招标价格或近期市场价格。具体情况参见附录1中附表1–1。

根据测算，抛锚自泊岸电设施总投资10 942.57万元，其中设备购置费7401.45万元，安装工程费2764.14万元，建筑工程费24.88万元，基本预备费318.72万元，其他费用433.38万元。岸电设施工程量清单及投资具体情况见表3–10。

3）投资界面。

方案采用高压接入，因此无配套电网，电缆收放系统等均属于岸电设施投资，靠泊趸船等属于水上交通配套设施。

配套电网：无。

岸电设施：电缆收放系统、箱式变压器、岸电箱、电缆、岸电管理系统、水上机器人等。

水上交通配套设施：靠泊趸船等。

（3）用电量测算。

根据抛锚自泊锚地运营情况，平均日泊船约122艘，停泊期间日均用电量约20kWh，经测算，年用电量为89.06万kWh。

表 3-10　岸电设施工程量清单及投资情况

序号	铺设地名称	10kV电缆(8.7/15kV-3×25)(m)	电缆收放卷盘(10kV)(套)			电缆收放系统(400V/90kVA)(套)	岸电电源箱式变压器(台)			岸电管理系统(套)	岸电箱(0.4kV/100kVA两接口)(台)	低压电缆(0.6/1kV-3×50+1×25)(m)	电缆支架(m)	水上机器人(台)	投资(万元)	建设年份(年)
			250kVA	800KVA	1000kVA		250kVA	800kVA	1000kVA							
1	临江坪	1200	0	4	0	16	0	4	0	1	32	4000	2560	16	7354.24	2019
2	百岁溪	300	1	0	0	0	1	0	0	1	3	150	0	0	551.33	2019
3	端方溪	300	1	0	0	0	1	0	0	1	3	150	0	0	551.33	2019
4	曲溪	300	0	0	1	6	0	0	1	1	10	1200	800	6	2485.67	2019
	合计	2100	2	4	1	22	2	4	1	4	48	5500	3360	22	10942.57	—

（4）效益分析。

1）经济效益分析。

服务费暂按0.6元/kWh收取，岸电建成后新增电量约89.06万kWh/年，折现率按6%考虑，项目使用年限按15年考虑，岸电补贴按设备购置费的40%考虑。根据测算，岸电设施在项目使用年限内无法回收投资，项目净现值为-7463.01万元，项目经济效益较差。

2）社会效益分析。

项目实施后，该锚地每年可减少燃油消耗183.46t，折算标准煤284.99t，减排二氧化碳694.67t，减排二氧化硫、氮氧化物7.48t。

5. 多种停泊方式锚地

长江三峡坝区有多种停泊方式锚地4个，共停泊船只151艘。

（1）岸电技术方案简介。

多种停泊方式锚地涉及的抛锚自泊岸电技术方案、趸船系泊岸电技术方案、丁靠系泊岸电技术方案和干散货码头岸电技术方案分别参见本章"（二）锚地岸电建设方案"下"（1）岸电技术方案简介"相关内容。以下主要介绍船电宝技术方案和水上综合生态服务中心岸电技术方案。

1）船电宝技术方案。

船用一体化离网储能设备（船电宝）为船舶待闸锚泊期间提供用电服务。船电宝系统采用一体化设计，能实现电源即插即充、负载即插即用。船电宝系统具有足够的备用容量，保证满足船舶用电需求，保证安全优质供电。

船电宝集中配置在储能站（码头或供电趸船上），码头或供电趸船上设置专用充电装置，并配置装有小型吊车的电动服务船。使用前在储能站充满电后集中放置，当有船舶需要船电宝供电时，由服务人员将船电宝吊转至服务船上，运抵待供电船舶旁，再将船电宝吊到待供电船舶上给其供电。船舶离开时，再将船电宝运回储能站，完成供电服务。

10kW/30kWh船电宝采用模块化磷酸铁锂电池模块，由电池模块串联组成电池系统，电池系统容量30kWh。储能PCS使用功率为10kW，输出单相交流电。系统尺寸1180mm×800mm×1250mm（宽×深×高），重量500kg。

30kW/60kWh船电宝采用模块化磷酸铁锂电池模块，由电池模块串联组成电池系统，电池系统容量60kWh。储能PCS使用功率为30kW，输出三相交流电。系统尺寸1600mm×1180mm×1250mm（宽×深×高），重量1100kg。

2）水上综合生态服务中心岸电技术方案。

水上综合生态服务中心以水上工作趸船为主，以工作船码头和陆域服务中心为辅，如图3-12所示。水域布置2~3艘工作趸船（分为1号、2号、3号），两船之前通过跳趸和跳板连接，满足互相通行需要。其中1号趸船江侧满足待闸船舶锚泊需要，岸侧满足工作船（岸电服务船、污水收集船）停靠需要，趸船上布置岸电供电设施、污水收集池和沉淀池、固体废弃物存放区以及相应的起重设备；2号趸船上布置岸电船岸连接设施、岸电供电设施、超市、餐馆、休闲娱乐区；3号趸船上布置岸电供电设施、医务室、宾馆、健身房等。

每个水上综合生态服务中心布置工作船码头一座，满足工作船（岸电服务船、污水收集船）靠泊、物资装卸、人员上下的功能，陆域布置业务用房、物资仓库、员工宿舍、污水处理池、废弃物堆场、停车场、充电站，以及道路、绿化等必要的生产生活设施。

（2）建设内容和投资界面。

1）建设内容。

沙湾锚地一期岸电工程实施后将新增高压开闭所1套，电缆收放系统1套，电缆桥架1套，箱式变压器（10kV/1250kVA）1台，岸电箱14套，岸电接口箱3套，400V隔离变压器1台，绝缘监测装置1套，低压电缆1860m，低压配电箱3套，岸电管理系统1套，充换电站1座，30kWh船宝20个，60kWh船电宝10个，供电服务船2艘，供电浮趸1个。

沙湾锚地二期岸电工程实施后将新增400V隔离变压器15台，绝缘监测装置15套，岸电箱23套，岸电接口箱7套，低压电缆2580m，配电箱8个，电缆收放系统8套，钢丝绳卷筒8套，电缆缆车系统8套。

银杏沱锚地实施岸电工程后将新增400V隔离变压器3台，绝缘监测装置3台，电缆收放系统（0.4kV/90kVA）3套，岸电箱（0.4kV/80kVA）2套，岸电箱（0.4kV/150kVA）2套，岸电接口箱2套，低压电缆（0.6/1kV-3×70+1×35）600m，低压电缆（0.6/1kV-3×50+1×25）220m，岸电管理系统1套，水上机器人1台。

平善坝锚地实施岸电工程后将新增电缆收放系统4套，电缆收放卷盘1套，电缆提升装置3套，岸电箱（0.4kV/80kVA）9套，岸电箱（0.4kV/100kVA，两接口）3套，10kV电缆（8.7/15kV-3×25）300m，低压电缆（0.6/1kV-3×50+1×25）3200m，绝缘监测装置6台，400V隔离变压器6台，水上机器人4台，岸电电源箱式变压器（315kVA）1台，岸电管理系统1套。

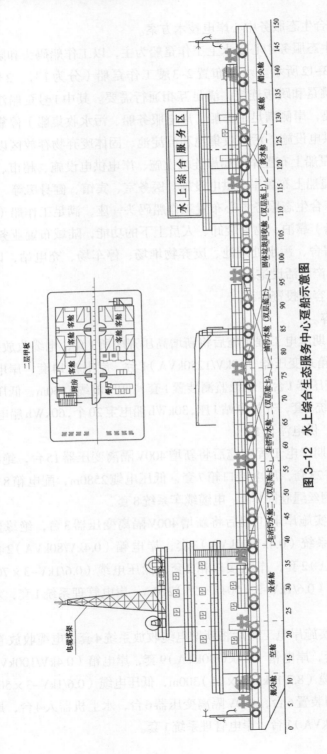

图3-12 水上综合生态服务中心置船示意图

乐天溪锚地实施岸电工程后将新增电缆收放系统8套，电缆收放卷盘1套，岸电箱（0.4kV/80kVA）4套，岸电箱（0.4kV/100kVA，两接口）10套，电缆支架800m，10kV电缆（8.7/15kV-3×25）300m，低压电缆（0.6/1kV-3×50+1×25）1610m，绝缘监测装置2台，400V隔离变压器2台，水上机器人8台，岸电电源箱式变压器（1000kVA）1台，岸电管理系统1套。

2）投资。

项目取费标准执行《20kV及以下配电网工程定额和费用计算规定》（国能电力〔2017〕6号）。

定额标准执行《20kV及以下配电网工程概算定额（2016年版）第二册——电气设备安装工程》。

主要设备参数及造价标准：工程设备及主要材料价格参考近期实际招标价格或近期市场价格。具体情况参见附录1中附表1-1。

根据测算，多种停泊方式锚地岸电设施总投资21 976.41万元，其中设备购置费12343.00万元，安装工程费3503.38万元，建筑工程费4229.35万元，基本预备费640.09万元，其他费用1260.59万元。

其中沙湾锚地一期岸电设施总投资5721.72万元，沙湾锚地二期岸电设施总投资9406.16万元，银杏沱锚地岸电设施总投资1631.34万元，平善坝锚地岸电设施总投资2051.34万元，乐天溪锚地岸电设施总投资3165.85万元。

多种停泊方式锚地岸电设施工程量清单及投资情况见表3-11~表3-15。

3）投资界面。

多种停泊方式锚地涉及的抛锚自泊岸电技术方案、趸船系泊岸电技术方案、丁靠系泊岸电技术方案和干散货码头岸电技术方案投资界面分别参见本章"（二）锚地岸电建设方案"下"（2）建设内容及投资界面"相关内容。

船电宝：充换电站需配置专用变压器，因此无配套电网投资。船电宝、充换电站、服务船等属于岸电设施，无水上交通配套设施。

水上综合生态服务中心：配套电网和岸电设施的投资分界点在10kV高压开闭所前的第一断路器或第一支持物处，趸船等属于水上交通配套设施。具体明细如下。

配套电网：从公用线路搭接至10kV高压开闭所前的第一断路器或第一支持物的10kV线路，第一断路器或第一支持物属于配套电网。

岸电设施：10kV高压开闭所及其之后的电缆收放系统、箱式变压器、岸电箱、低压配电箱、岸电管理系统、电缆等。

表3-11 沙湾锚地水上综合生态服务中心岸电设施工程量清单及投资情况

锚地	水上综合生态服务中心技术方案								船电宝技术方案					丁靠系泊技术方案(人工)								投资(万元)	建设年份(年)
	滚动式桥架系统(套)	电缆收放系统(套)	箱式变压器(1250kVA)(套)	岸电箱(0.4kV/100kVA 两接口)(套)	低压配电箱(套)	低压电缆(0.6/1kV-3×240+1×120)(m)	低压电缆(0.6/1kV-3×50+1×25)(m)	低压电缆(0.6/1kV-3×150+1×70)(m)	岸电管理系统(套)	供电浮墩(套)	充换电站(座)	60kWh船电宝(个)	30kWh船电宝(个)	岸电箱(0.4kV/100kVA 两接口)(套)	高压开闭所(个)	供电服务船(艘)	岸电接口箱(三进三出)(套)	低压电缆(0.6/1kV-3×240+1×120)(m)	绝缘监测装置(台)	低压电缆(0.6/1kV-3×25+1×16)(m)	400V隔离变压器(台)		
沙湾	1	1	1	8	3	350	450	360	1	1	1	10	20	6	1	1	3	100	1	600	1	5721.72	2018

表 3-12　沙湾丁靠系泊锚地岸电设施工程量清单及投资情况

丁靠系泊技术方案（轨道）

锚地	绝缘监测装置（台）	400V隔离变压器（台）	配电箱（个）	电缆收放系统（套）	岸电箱（0.4kV/100kVA，两接口）（套）	低压电缆（0.6/1kV-3×50+1×25）（m）	钢丝绳卷筒（套）	电缆缆车（套）
沙湾	8	8	8	8	16	480	8	8

丁靠系泊技术方案（人工）

锚地	绝缘监测装置（台）	岸电接口箱（三进三出）（套）	低压电缆（0.6/1kV-3×70+1×35）（m）	岸电箱（0.4kV/150kVA，三接口）（套）	400V隔离变压器（台）	投资（万元）	建设年份（年）
沙湾	7	7	2100	7	7	9406.16	2019

表 3-13　银杏沱锚地岸电设施工程量清单及投资情况

覆船系泊技术方案

锚地	电缆收放系统（400V/90kVA）（套）	岸电箱（0.4kV/80kVA）（台）	绝缘监测装置（台）	水上机器人（台）	低压电缆0.6/1kV-3×50+1×25（m）	400V隔离变压器（台）
银杏沱	1	2	1	1	220	1

丁靠系泊技术方案

锚地	岸电箱（0.4kV/150kVA，三接口）（套）	岸电接口箱（三进三出）（套）	岸电管理系统（套）	400V隔离变压器（台）	绝缘监测装置（台）	低压电缆（0.6/1kV-3×70+1×35）（m）	投资（万元）	建设年份（年）
银杏沱	2	2	1	2	2	600	1631.34	2019

表3-14　平善坝锚地岸电设施工程量清单及投资情况

锚地	技术方案	设备（规格）（单位）	数量
平善坝	干散货码头技术方案	电缆收放系统（400V/90kVA）（套）	3
		岸电箱（0.4kV/80kVA）（台）	3
		低压电缆 0.6/1kV-3×50+1×25（m）	2450
		400V隔离变压器（台）	3
		绝缘监测装置（台）	3
	夏船系泊技术方案	电缆收放系统（400V/90kVA）（套）	3
		岸电箱（0.4kV/80kVA）（台）	6
		低压电缆 0.6/1kV-3×50+1×25（m）	600
		400V隔离变压器（台）	3
		绝缘监测装置（台）	3
		水上机器人（台）	3
	抛锚自泊技术方案	10kV电缆（8.7/15kV-3×25）（m）	300
		电缆收放卷盘（套）	1
		岸电电源箱式变压器（315kVA）（台）	1
		岸电管理系统（套）	1
		低压电缆（0.6/1kV-3×50+1×25）（m）	150
		岸电箱（0.4kV/100kVA，两接口）（台）	3
		电缆收放系统（套）	1
		水上机器人（台）	1
	投资（万元）		2051.34
	建设年份（年）		2019

表3-15　乐天溪锚地岸电设施工程量清单及投资情况

锚地	技术方案	设备（规格）（单位）	数量
乐天溪	夏船系泊技术方案	电缆收放系统（400V/90kVA）（套）	2
		岸电箱（0.4kV/80kVA）（台）	4
		低压电缆 0.6/1kV-3×50+1×25（m）	410
		400V隔离变压器（台）	2
		绝缘监测装置（台）	2
		水上机器人（台）	2
	抛锚自泊技术方案	10kV电缆（8.7/15kV-3×25）（m）	300
		岸电箱（0.4kV/100kVA，两接口）（台）	10
		低压电缆（0.6/1kV-3×50+1×25）（m）	1200
		电缆收放卷盘（套）	1
		岸电电源箱变（315kVA）（台）	1
		岸电管理系统（套）	1
		电缆收放系统（套）	6
		水上机器人（台）	6
		电缆支架（m）	800
	投资（万元）		3165.85
	建设年份（年）		2019

水上交通配套设施：趸船等。

（3）用电量测算。

根据锚地运营情况，经测算，多种停泊方式锚地年用电量为118.26万kWh。

（4）效益分析。

1）经济效益分析。

多种停泊方式锚地服务费暂按0.6元/kWh收取，岸电建成后新增电量约118.26万kWh/年，折现率按6%，项目使用年限按15年，岸电补贴按设备购置费的40%考虑。根据测算，多种停泊方式锚地岸电设施在项目使用年限内无法回收投资，项目净现值为−16 350.07万元，项目经济效益较差。

2）社会效益分析。

项目实施后，该锚地每年可减少燃油消耗243.62t，折算标准煤378.43t，减排二氧化碳922.43t，减排二氧化硫、氮氧化物9.93t。

6. 小结

综上所述，锚地岸电建设方案基本情况见表3–16。

表 3–16　　　　　　　　　　锚地岸电建设方案基本情况表

序号	锚地名称	锚地停泊方式	停靠船只	适用技术方案	投资（万元）	投资回收期（年）	净现值（万元）	建设年份（年）
1	沙湾一期	丁靠	9	丁靠系泊岸电技术方案	5721.72			2018
				船电宝方案				
		趸船	8	水上综合生态服务中心方案				
2	仙人桥一期	靠船墩	12	靠船墩系泊岸电技术方案	502.32	>15	<0	2018
3	沙湾二期	丁靠	45	丁靠系泊岸电技术方案	9406.16			2019
4	仙人桥二期	靠船墩	12	靠船墩系泊岸电技术方案	1114.79			2019
5	杉木溪（趸船）	趸船	6	趸船系泊岸电技术方案	666.45			2019

续表

序号	锚地名称	锚地停泊方式	停靠船只	适用技术方案	投资（万元）	投资回收期（年）	净现值（万元）	建设年份（年）
6	银杏沱	丁靠	6	丁靠系泊岸电技术方案	1631.34			2019
		趸船	3	趸船系泊岸电技术方案				
7	平善坝	散抛	8	抛锚自泊岸电技术方案	2051.34			2019
		趸船	9	趸船系泊岸电技术方案				
		趸船（固定平台）	3	干散货码头岸电技术方案				
8	老太平溪	丁靠	6	丁靠系泊岸电技术方案	170.66			2019
9	曲溪	散抛	30	抛锚自泊岸电技术方案	2485.67	>15	<0	2019
10	百岁溪	散抛	6	抛锚自泊岸电技术方案	551.33			2019
11	端方溪	散抛	6	抛锚自泊岸电技术方案	551.33			2019
12	靖江溪	丁靠	6	丁靠系泊岸电技术方案	170.66			2019
13	乐天溪	散抛	54	抛锚自泊岸电技术方案	3165.85			2019
		趸船	6	趸船系泊岸电技术方案				
14	临江坪	散抛	80	抛锚自泊岸电技术方案	7354.24			2019
合计	—	—	315		35 543.86	—	—	—

（三）运营服务平台建设方案

1. 建设目标

依托智慧车联网，车船一体化综合运营服务平台面向政府提供行业监管、政策发布、设施监控、服务能力评价、成效评估和减排效果评价服务；面向行业提供统一开放的第三方接入、金融保险、数据服务、资讯服务、智能运维等生态服务体系；面向用户提供信息咨询、方案推荐、选购安装、一键报装、线上结算等一站式服务，建设具备开放生态体系的平台生态圈，整合产业链上下游资源，打造覆盖全国的港口岸电智能服务网络。

2. 总体架构

平台总体架构（如图3-13所示）支持集中式岸电设备接入和分散式岸电桩接入，集中式岸电设备由站级系统统一管理，并由站级系统接入云平台，分散式岸电桩由岸电桩通过4G专网直接接入云平台。

岸电云平台从下到上由支撑层、应用层、服务层、展现层组成。

岸电云平台支撑层是平台功能实现的基础服务集中层、安全保障层、数据交换层，包含计算服务、大数据服务、消息服务、前置交互服务、区块链服务、云资源服务、集成协同服务、外部服务平台接入网关、开放能力服务、系统管理。

岸电云平台应用层是岸电云平台应用功能体现层，是政府人员、行业人员、运营人员、管理人员直接使用功能的体现层。应用层的功能通过权限、角色的配置适应于不同的管理、运行、运维角色人员的使用，满足不同角色的应用需求，包含岸电设施及站级系统接入、岸电设施建设管理、岸电网络平台级运营服务、平台App、财务管理、清分结算、岸电运营商服务、客户服务中心、岸电网络监控与调度、岸电网络运维检修。

岸电云平台服务层满足于政府、行业、用户、运营商的服务需求，通过平台的运行与运营数据的积累对政府、行业、运营商提供相应的增值服务，包含有信息咨询、方案推荐、选购安装、一键报装、线上结算、智能运维、金融保险、数据服务。

岸电云平台展现层是国网电动汽车公司、各省、市、站运营、监控、用户使用、监视的应用场景，包含有大屏展示、Web应用展示、用户App。

3. 投资规模

（1）测算依据。

根据市场标准，开发人员人工成本为0.16万元/（人·天）。

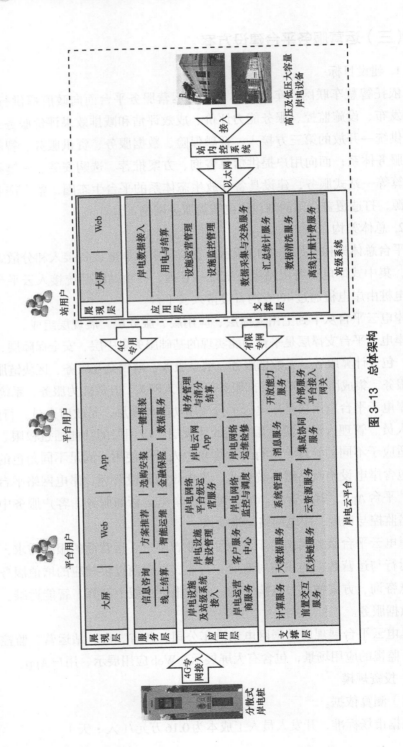

图 3-13 总体架构

（2）投资规模。

车船一体化综合运营服务平台总投资3445万元，其中，监控运维模块投资1082万元，资产管理模块投资237万元，船舶关联服务模块投资175万元，清分结算模块投资1127万元，客户管理模块投资122万元，港口岸电App模块投资603万元，运营补充业务模块投资99万元，具体情况见表3-17。

表3-17　　　　　　　　　　　运营服务平台投资表

类别	序号	功能名称	工作量总计（人天）	费用（万元）
监控运维	1	前置处理	762	122
	2	监控主页（本部、省）	1719	275
	3	用电网络分布图	477	76
	4	网络运行维护管理	668	107
	5	客户主动服务	477	76
	6	充电站服务管理	472	76
	7	用户充电行为分析	859	137
	8	专题分析与报表查询	761	122
	9	平台业务规则设置	566	91
资产管理	1	基础台账维护	241	39
	2	资产接入管理流程	362	58
	3	资产访问权限管理	271	43
	4	资产数据治理	362	58
	5	统计分析	241	39
关联服务	1	船舶管理	477	76
	2	通闸排号管理	477	76
	3	航运动态	142	23
清分结算	1	计费模型管理	2381	381
	2	计量计费	1495	239
	3	收费管理	2022	324
	4	清分结算	1144	183
用户管理	1	客户管理	621	99
	2	平台用户管理	142	23

续表

类别	序号	功能名称	工作量总计（人天）	费用（万元）
App	1	充值与缴费	1287	206
	2	用电查询	1332	213
	3	充电过程服务	573	92
	4	微信服务	573	92
运营补充	1	消息管理	239	38
	2	船舶 App 管理	239	38
	3	版本管理	142	23
合计			21 524	3445

（四）配套电网建设方案

1. 配套电网现状

（1）码头配套电网现状。

长江三峡坝区内 16 个码头由万寿桥、夜明珠等 6 个 110kV 变电站和三斗坪、许家冲 2 个 35kV 变电站供电，具体情况见表 3-18。

表 3-18　　　　　　码头现有公用变压器及线路现状调研表

序号	码头名称	上级变电站名称及容量	10kV 线路			公用配电变压器			
			线路名称	架空线路截面（mm²）	电缆截面（mm²）	台区名称	台数	总容量（kVA）	剩余容量（kVA）
1	三峡客运中心码头	万寿桥 110kV 变电站 100MVA	10kV 寿江一回线	—	400	配—桥209	1	500	100
2	交运集团黄柏河码头	夜明珠 110kV 变电站 40MVA	10kV 夷陵山线	185	—	平湖码头配—明016	1	315	63
3	汇洋港埠码头	龙盘湖 110kV 变电站 50MVA	10kV 共联二回线	185	400	路灯变压器	1	80	16
4	宜昌船舶柴油机厂重件码头	龙盘湖 110kV 变电站 50MVA	10kV 共联二回线	185	400	配—坝065	1	315	63

续表

序号	码头名称	上级变电站名称及容量	10kV 线路			公用配电变压器			
			线路名称	架空线路截面（mm²）	电缆截面（mm²）	台区名称	台数	总容量（kVA）	剩余容量（kVA）
5	磨盘码头	黄磷 110kV 变电站 90MVA	10kV 磨盘线	240	—	—	—	—	—
6	泰和码头	黄磷 110kV 变电站 90MVA	10kV 磨盘线	240	—	—	—	—	—
7	宜昌市成林航运有限责任公司码头	黄磷 110kV 变电站 90MVA	10kV 磨盘线	240	—	—	—	—	—
8	黄陵庙旅游码头	三斗坪 35kV 变电站 12.6MVA	10kV 代石线	—	120	—	—	—	—
9	三斗坪旅游码头	三斗坪 35kV 变电站 12.6MVA	10kV 代石线	—	120	—	—	—	—
10	三游洞旅游码头	南津关 110kV 变电站 60MVA	10kV 三游洞线	150	—	—	—	—	—
11	太平溪客运港	许家冲 35kV 变电站 6.3MVA	10kV 许刘线	—	240	—	—	—	—
12	茅坪客运码头	金缸城 110kV 变电站 100MVA	10kV 兰惠路线	240	—	—	—	—	—
13	福广码头	金缸城 110kV 变电站 100MVA	10kV 兰惠路线	70	—	—	—	—	—
14	尖棚岭码头	金缸城 110kV 变电站 100MVA	10kV 兰惠路线	240	—	银杏沱 1 号台区	1	250	50
15	银杏沱滚装码头	金缸城 110kV 变电站 100MVA	10kV 兰惠路线	240	—	—	—	—	—
16	佳鑫码头	金缸城 110kV 变电站 100MVA	10kV 松树坳线	240	—	—	—	—	—

（2）锚地配套电网现状。

长江三峡坝区内 12 个锚地由洋坝、金缸城 2 个 110kV 变电站和桥边、龙潭坪等 4 个 35kV 变电站供电，具体情况见表 3-19。

表3-19　　　　　　　　　　　　锚地现有公用变压器及线路现状调研表

序号	码头名称	上级变电站名称及容量	线路名称	10kV 线路		公用配电变压器			
				架空线路截面（mm²）	电缆截面（mm²）	台区名称	台数	总容量（kVA）	剩余容量（kVA）
1	临江坪	洋坝 110kV 变电站 51.5MVA	10kV 龙盘湖二回线	240	240	配一坝056	1	800	160
2	平善坝	桥边 35kV 变电站 18.8MVA	10kV 三百峰线	120	—	—	—	—	—
3	百岁溪	龙潭坪 35kV 变电站 3.15MVA	10kV 垭子口线	70	—	—	—	—	—
4	端方溪	龙潭坪 35kV 变电站 3.15MVA	10kV 垭子口线	70	—	—	—	—	—
5	老太平溪	龙潭坪 35kV 变电站 3.15MVA	10kV 垭子口线	70	—	—	—	—	—
6	靖江溪	许家冲 35kV 变电站 6.3MVA	10kV 许刘线	—	240	—	—	—	—
7	乐天溪	黄牛 35kV 变电站 6.3MVA	10kV 黄莲线	50	50	—	—	—	—
8	杉木溪（趸船）	金缸城 110kV 变电站 100MVA	10kV 松树坳线	240	—	—	—	—	—
9	沙湾	金缸城 110kV 变电站 100MVA	10kV 松树坳线	240	—	松树坳7号、8号、9号	3	945	500
10	仙人桥	金缸城 110kV 变电站 100MVA	10kV 物流园线	240	—	—	—	—	—
11	曲溪	金缸城 110kV 变电站 100MVA	10kV 龚家坝线	185	—	—	—	—	—
12	银杏沱	金缸城 110kV 变电站 100MVA	10kV 银杏沱线	240	—	—	—	—	—

2. 配套电网工程量清单

（1）码头配套电网工程量清单。

码头配套电网需新建10kV架空线路（JKLGYJ-10kV-35）420m，10kV电缆（ZC-YJV22-8.7/15-3×35）5941m，配电变压器3100kVA，低压电缆（0.6/1kV-

3×120+1×60）4280m，总投资为1548.88万元。具体情况见表3-20。

表3-20　　　　　　　　　　码头配套电网工程量清单

| 序号 | 码头 | 新建 10kV 线路 | | 新建配电变压器 | 低压电缆 | 建设年份（年） | 投资（万元） |
		架空线路（JKLGYJ-10kV-35）（m）	电缆（YJV22-8.7/15-3×35）（m）	箱式变压器（kVA）	0.6/1kV-3×120+1×60（m）		
1	三峡客运中心码头	0	225	—	—	2018	16.93
2	交运集团黄柏河码头	0	100	—	—	2018	7.53
3	汇洋港埠码头	50	220	400	860	2018	145.89
4	银杏沱滚装码头	0	710	1000	400	2018	149.45
5	磨盘码头	50	70	400	840	2018	118.21
6	泰和码头	50	70	400	660	2018	98.85
7	宜昌市成林航运有限责任公司码头	60	60	200	500	2018	70.05
8	黄陵庙旅游码头	0	420	—	—	2018	141.22
9	三斗坪旅游码头	0	530	—	—	2018	61.54
10	三游洞旅游码头	0	670	—	—	2018	89.16
11	太平溪客运港	0	920	100	200	2018	266.64
12	茅坪客运码头	0	806	—	—	2018	76.57
13	宜昌船舶柴油机厂重件码头	60	130	100	120	2019	46.90
14	福广码头	0	360	200	300	2019	94.20
15	尖棚岭码头	0	350	100	200	2019	82.25
16	佳鑫码头	150	300	200	200	2019	83.50
	合计	420	5941	3100	4280	—	1548.88

（2）锚地配套电网工程量清单。

锚地配套电网需新建10kV架空线路（JKLGYJ-10kV-35）141 00m，10kV电缆（ZC-YJV22-8.7/15-3×35）2790m，配电变压器6030kVA，总投资为1244.26

41

万元。具体情况见表3-21。

表 3-21　　　　　　　　　　锚地配套电网工程量清单

序号	锚地	新建 10kV 线路		新建配电变压器（kVA）	建设年份（年）	投资（万元）
		架空线路（JKLGYJ–10kV–35）（m）	电缆（ZC–YJV22–8.7/15–3×35）（m）			
1	沙湾	0	0	0	2018	0.00
2	仙人桥	1000	1600	2000	2018	348.00
3	平善坝	1200	150	1000	2018	107.70
4	老太平溪	0	310	400	2018	52.67
5	杉木溪（趸船）	900	0	800	2018	90.00
6	银杏沱	0	200	1030	2018	96.00
7	乐天溪	11 000	150	400	2019	491.45
8	临江坪	0	0	0	2019	0.00
9	百岁溪	0	0	0	2019	0.00
10	端方溪	0	0	0	2019	0.00
11	靖江溪	0	380	400	2019	58.44
12	曲溪	0	0	0	2019	0.00
合计		14 100	2790	6030	—	1244.26

3. 变电站建设需求

此次岸电工程涉及到的码头、锚地对应的上级电源有万寿桥、夜明珠等7个110kV变电站，黄牛、三斗坪等5个35kV变电站。上述变电站容量均可满足本次岸电设施建设容量需求，无需新增变电站容量。具体情况见表3-22。

表 3-22　　　　　　　　　　变电站建设需求统计表

序号	码头、锚地名称	上级变电站	上级变电站容量（MVA）	上级变电站剩余容量（MVA）	新建箱式变压器容量需求（MVA）	是否满足岸电需求
1	磨盘码头	黄磷 110kV 变电站	90	54.1	1	是
2	泰和码头					
3	宜昌市成林航运有限责任公司码头					

续表

序号	码头、锚地名称	上级变电站	上级变电站容量（MVA）	上级变电站剩余容量（MVA）	新建箱式变压器容量需求（MVA）	是否满足岸电需求
4	乐天溪	黄牛 35kV变电站	6.3	3.2	2.35	是
5	茅坪客运码头	金缸城110kV变电站	100	63.3	15.94	是
6	福广码头					是
7	尖棚岭码头					是
8	银杏沱滚装码头					是
9	佳鑫码头					是
10	杉木溪（趸船）					是
11	沙湾					是
12	仙人桥					是
13	曲溪					是
14	银杏沱					是
15	汇洋港埠码头	龙盘湖110kV变电站	50	47.2	0.83	是
16	宜昌船舶柴油机厂重件码头					是
17	百岁溪	龙潭坪 35kV变电站	3.15	2.15	1.2	是
18	端方溪					是
19	老太平溪					是
20	三游洞旅游码头	南津关110kV变电站	60	38.9	1.09	是
21	平善坝	桥边 35kV变电站	18.8	10.5	0.63	是
22	黄陵庙旅游码头	三斗坪35kV变电站	12.6	7.4	2.45	是
23	三斗坪旅游码头					是
24	三峡客运中心码头	万寿桥110kV变电站	100	45.9	2.27	是

续表

序号	码头、锚地名称	上级变电站	上级变电站容量（MVA）	上级变电站剩余容量（MVA）	新建箱式变压器容量需求（MVA）	是否满足岸电需求
25	太平溪客运港	许家冲 35kV 变电站	6.3	4.2	2.69	是
26	靖江溪					是
27	临江坪	洋坝 110kV 变电站	51.5	35	6	是
28	交运集团黄柏河码头	夜明珠 110kV 变电站	40	8.1	1.27	是

4. 投资测算

（1）测算依据。

项目取费标准执行《20kV 及以下配电网工程定额和费用计算规定》（国能电力〔2017〕6号）。

定额标准执行《20kV 及以下配电网工程概算定额（2016年版）第二册——电气设备安装工程》。

（2）主要设备参数及造价标准。

工程设备及主要材料价格参考近期实际招标价格或近期市场价格。具体情况见表 3-23。

表 3-23 配套电网主要设备参数及造价标准

序号	名称	型号／规格	单位	单价（万元）
1	10kV 架空线路	JKTRJY-10kV-35	m	0.002
2	10kV 电缆	ZC-YJV22-8.7/15-3×35	m	0.01
3	箱式变压器	200kVA	套	9
4	箱式变压器	400kVA	套	12
5	箱式变压器	500kVA	套	15
6	箱式变压器	630kVA	套	16
7	箱式变压器	1250kVA	套	28
8	低压电缆	0.6/1kV-3×35-1×16	m	0.02

（3）投资规模。

配套电网总投资2793.15万元，其中码头1548.88万元，锚地1244.27万元，具体情况见表3-24。

表3-24　　　　　　　　　　　配套电网总投资表

序号	类别	配套电网总投资（万元）				
		合计	设备购置费	安装工程费	建筑工程费	其他费用
1	码头	1548.88	414.86	603.72	367.55	162.75
2	锚地	1244.27	228.10	682.31	199.76	134.10
合计		2793.15	642.96	1286.03	567.31	296.85

（五）水上交通配套设施

根据技术组提供的《长江三峡坝区岸电实验区建设技术方案》，游轮码头、趸船系泊锚地、靠船墩系泊锚地、水上综合生态服务中心、抛锚自泊锚地需要配置水上交通配套设施。

1. 主要设备参数及造价标准

工程设备及主要材料价格参考近期实际招标价格或近期市场价格，具体情况见表3-25。

表3-25　　　　　　　　水上交通配套设施参数及造价标准

序号	名称	型号/规格	单位	单价（万元）
1	配套供电趸船	游轮码头/趸船系泊锚地	套	40
2	浮趸	靠船墩系泊锚地	套	90
3	配套靠泊趸船	抛锚自泊锚地	套	1200
4	水上综合生态服务中心	水上综合生态服务中心	套	2000

2. 工程量及投资规模

水上交通配套设施总投资为21 120万元，其中码头总投资560万元，锚地总投资20 560万元，具体情况见表3-26。

表 3-26 水上交通配套设施工程量表

序号	单位	游轮码头配套供电趸船		靠船墩系泊锚地配套浮式平台		趸船系泊锚地配套供电趸船		水上综合生态服务中心		抛锚自泊锚地配套靠泊趸船		投资
		套	万元	套	万元	套	万元	套	万元	套	万元	万元
1	三峡客运中心码头	2	80	—	—	—	—	—	—	—	—	80
2	交运集团黄柏河码头	1	40	—	—	—	—	—	—	—	—	40
3	黄陵庙旅游码头	1	40	—	—	—	—	—	—	—	—	40
4	三斗坪旅游码头	2	80	—	—	—	—	—	—	—	—	80
5	三游洞旅游码头	1	40	—	—	—	—	—	—	—	—	40
6	太平溪客运港	1	40	—	—	—	—	—	—	—	—	40
7	茅坪客运码头	6	240	—	—	—	—	—	—	—	—	240
8	平善坝锚地	—	—	—	—	2	80	—	—	1	1200	1280
9	乐天溪锚地	—	—	—	—	1	40	—	—	2	2400	2440
10	杉木溪（趸船）锚地	—	—	—	—	1	40	—	—	—	—	40
11	沙湾锚地	—	—	—	—	—	—	1	2000	—	—	2000
12	仙人桥锚地	—	—	4	360	—	—	—	—	—	—	360
13	银杏沱锚地	—	—	—	—	1	40	—	—	—	—	40
14	临江坪锚地	—	—	—	—	—	—	—	—	8	9600	9600
15	曲溪锚地	—	—	—	—	—	—	—	—	2	2400	2400

序号	单位	游轮码头配套供电趸船		靠船墩系泊锚地配套浮式平台		趸船系泊锚地配套供电趸船		水上综合生态服务中心		抛锚自泊锚地配套靠泊趸船		投资
		套	万元	套	万元	套	万元	套	万元	套	万元	万元
16	百岁溪锚地	—	—	—	—	—	—	—	—	1	1200	1200
17	端方溪锚地	—	—	—	—	—	—	—	—	1	1200	1200
合计		14	560	4	360	5	200	1	2000	15	18 000	21 120

（六）里程碑计划

1. 2018年建设计划

2018年，完成长江三峡坝区12个码头和2个锚地岸电建设。

（1）码头。

茅坪客运码头岸电工程计划于2018年10月底前建成，三峡游客中心码头、交运集团黄柏河码头、泰和码头、磨盘码头岸电工程计划于2018年11月底前建成，三斗坪旅游码头、银杏沱滚装码头、黄陵庙旅游码头、太平溪客运港、汇洋港埠码头、宜昌市成林航运有限责任公司码头、三游洞旅游码头岸电工程计划于2018年12月底前建成。

（2）锚地。

沙湾锚地一期、仙人桥锚地一期岸电工程计划于11月底前建成。

2. 2019年建设计划

2019年，完成剩余4个码头、10个锚地、沙湾锚地二期、仙人桥锚地二期岸电建设，实现长江三峡坝区内码头和锚地岸电全覆盖。

（1）码头。

佳鑫码头岸电工程计划于2019年7月底前建成，尖棚岭码头岸电工程计划于2019年9月底前建成，福广码头岸电工程计划于2019年10月底前建成，宜昌船舶柴油机厂重件码头岸电工程计划于2019年11月底前建成。

（2）锚地。

沙湾锚地二期、仙人桥锚地二期、乐天溪锚地岸电工程计划于2019年5月底前建成，靖江溪、平善坝锚地岸电工程计划于2019年7月底前建成，曲溪、端方溪、老太平溪锚地岸电工程计划于2019年9月底前建成，百岁溪、杉木溪

（趸船）、银杏沱锚地岸电工程计划于2019年10月底前建成，临江坪锚地岸电工程计划于2019年11月底前建成。具体码头、锚地建设甘特图见附录2。

3. 责任分工

岸电全覆盖工作由国网湖北省电力有限公司牵头，湖北省能源局、交通运输部长江航务管理局、湖北省港航管理局、长江三峡通航管理局、三峡集团三峡枢纽局、南瑞集团有限公司、国网电动汽车有限公司等单位配合。具体责任分工见表3-27。

表3-27　　　　　　　　　　　岸电工程建设责任分工表

序号	单位名称	工作任务
1	国网湖北省电力有限公司	组织长江三峡坝区码头和锚地岸电建设，负责项目全过程管理工作
2	湖北省能源局	加快配套电网规划审查，保障长江三峡坝区岸电设施用电需求，促请相关部门出台岸电建设运营支持政策
3	交通运输部长江航务管理局	负责督导长江三峡通航管理局及相关部门开展工作
4	湖北省港航管理局	负责协调码头岸电建设用地，协助国网湖北省电力有限公司开展码头岸电建设工作，为项目实施提供便利条件
5	长江三峡通航管理局	负责协调锚地岸电建设用地、协助国网湖北省电力有限公司开展锚地岸电建设工作，为项目实施提供便利条件
6	三峡集团三峡枢纽局	参与长江三峡坝区岸电建设，加快管辖范围内岸电建设涉及的土地、岸线使用的审批工作
7	南瑞集团有限公司	为国网湖北省电力有限公司组织岸电建设提供技术支持
8	国网电动汽车有限公司	完善车联网平台功能，打造车船一体化综合运营服务平台，形成规范、智能的新型岸电服务模式

四、运营服务方案

（一）港口和锚地岸电运营服务现状

国网宜昌供电公司投资564万元先后在夷陵区新世纪游轮码头、夷陵区桃花村游轮码头、秭归县沙湾锚地、宜昌港三峡游客中心、云池港货运码头等地建设岸电试点工程。工程建成投入使用后，存在以下问题。

（1）锚地岸电设施运维强度大。

待闸锚地没有码头设施，接电及设施维护都不方便，极大地制约了岸电使用。例如秭归县沙湾锚地岸电设施建在185平台，水位垂直落差达30m，电缆展放长达百米，接电人员劳动强度高。

（2）岸电服务收费有待规范。

目前岸电服务费收取没有统一的收费标准，由运营方根据市场行情自行决定。据了解，秭归县沙湾锚地收取服务费0.63元/kWh，其他码头收取服务费在0.6~0.9元/kWh，码头之间收费差别较大，影响岸电全面、可持续推广。

（3）锚地经营收支倒挂。

由于锚地基础设施差，技术方案不完善，接电极不方便，岸电使用率低。为方便船舶岸电接入，国网宜昌供电公司委托秭归县银河电业有限责任公司提供岸电接入服务，自 2015 年以来，累计向船舶提供岸电 1.72 万 kWh，收入 1.04 万元，目前仅低压电缆费用已投入达 52 万元，收支严重倒挂。

（二）建设运营服务模式分析

结合长江三峡坝区码头和锚地实际运营情况，岸电建设运营宜采取合资公司投资建设运营模式。合资公司负责岸电设施的建设、运维和运营服务，国家电网公司负责配套电网的建设、运维和运营服务，交通运输部负责配套水上交通设施的建设、运维和运营服务。在三峡集团管辖范围内土地、征收岸线的使用，应依据三峡集团内部管理程序进行申请报批。

考虑到合资公司经营绩效较差，各合资方投资意愿存在不确定性，为确保长江三峡坝区岸电工程顺利实施，在合资公司投资建设运营模式无法推行时，可考虑国家电网公司投资建设运营模式。

1. 合资公司投资建设运营模式

（1）模式概述。

国网湖北省电力有限公司（由国网宜昌供电公司代表）与长江三峡通航管理局、三峡集团三峡枢纽局、地方港口企业等单位成立合资公司，整合各方资源和优势，因地制宜开展工作。国网湖北省电力有限公司占股高于 50%，其他合资方按比例出资。

（2）组织机构及用工机制。

合资公司根据国家电网公司机构设置及人员配置方案，按照安全可靠、精简高效的原则设置机构和配置人员，其主要负责人及职能部门管理人员由各出资单位委派人员担任。合资公司运营中，各职能部门及生产机构按照国家电网公司规章制度进行统一管理。

（3）业务划分。

合资公司是长江三峡坝区岸电建设、运营和运维工作的实施主体，负责岸电设施日常保养维护、船舶接电服务、费用清分结算、岸电宣传推广、增值服务等。

（4）费用结算。

船舶客户通过国网 e 充电 App 线上缴费等方式向国家电网公司"车船一体化综合运营平台"支付费用，电价和服务费按照物价局批准的标准执行。平台按月结算电费及服务费至合资公司，合资公司结算电费至国网宜昌供电公司。

2. 国家电网公司投资建设运营模式

（1）模式概述。

成立国网宜昌供电公司三峡坝区岸电运营服务分公司（简称岸电分公司），负责岸电设施建设、运维、运营服务工作。

（2）组织机构及用工机制。

岸电分公司为国网宜昌供电公司下设分公司。其职能管理、生产运营、设施维护等工作均由国网宜昌供电公司统一管理。

国网宜昌供电公司根据国家电网公司机构设置及人员配置方案，按照安全可靠、精简高效的原则设置机构和配置人员，其主要负责人及职能管理人员由国网宜昌供电公司内部招聘或委任。

（3）业务划分。

日常职能及生产管理工作：由国网宜昌供电公司内部招聘或委任的负责人及管理人员进行。

生产业务：岸电设施运维及船舶接电服务等业务项目，通过业务外包方式，整体发包给具备相应资质的业务承包商承担。

（4）费用结算。

船舶客户通过国网 e 充电 App 线上缴费等方式向国家电网公司"车船一体化综合运营平台"支付费用。费用标准按照物价局批准的标准执行，平台按月结算至国网宜昌供电公司。

3. 对比分析

岸电建设：采用合资公司投资建设运营模式，可充分调动各方资源，协调建设中出现的各类问题，确保项目建设进度；采用国家电网公司投资建设运营模式，可统一建设标准，高质量建设岸电设施，确保设施安全可靠。

设备运维：采用合资公司投资建设运营模式，运维团队由社会化人员组成，可降低运维成本；采用国家电网公司投资建设运营模式，运维团队由国家电网公司组建，可提高运维质量。

运营服务：采用合资公司投资建设运营模式，可实现属地化管理，减少服务人员，降低整体运营成本；采用国家电网公司投资建设运营模式，可参照国家电网公司充电站管理模式，提供成熟、优质的服务。

4. 配套支持政策需求

（1）建设运营政策。

1）促请国家有关部门参照"三供一业"分离移交模式，将岸电设施建设投资及运维费用纳入中央企业国有资本经营预算或输配电价，形成可持续发展长效机制。

2）促请宜昌市政府积极支持、统筹协调岸电配套电网建设征地拆迁前期工作。促请相关部门出台政策，要求码头经营企业及锚地管理部门负责积极推进岸基土建、趸船等基础设施建设。

3）延续国家现行的岸电设施建设补贴政策，持续对港口岸电项目给予补贴。补贴范围包括岸基供电设施、船岸连接装置、配套电网和运营服务平台、趸船及其他配套基础设施等。

4）鼓励船舶受电设施改造并给予补贴，明确梯次，推进长江流域船舶受电系统改造计划。

（2）环保政策。

推动环保立法，建立三峡坝区船舶污染排放控制区，加强船舶大气污染排放监管，对于不符合排放标准的船舶征收污染治理费。推动制定控制区内船舶靠泊期间岸电使用强制性政策，形成推广岸电的环保倒逼机制。

（3）航运管理政策。

1）过渡期内，针对三峡坝区待闸船舶，出台使用岸电船舶优先靠离泊、优先装卸、优先过闸的引导政策或经济奖励政策。

2）按照分类分组的原则，优化船舶锚泊、调度管理，方便岸电使用。

（4）技术标准规范。

1）建立三峡坝区岸电标准体系，统一低压岸电连接装置插头/插座和船用耦合器、船岸连接设备、低压岸电箱等技术标准，确保通用性，实现互联互通。

2）修订船舶法定检验技术规则和相关规范，补充完善船舶受电设施改造及检验要求，纳入船舶年度检验范围。

（三）运营服务平台运营管理

根据长江三峡坝区岸电建设运营需求，车船一体化综合运营服务平台优化和新增功能主要包括设备接入、商户管理、计量收费、账务管理、清分结算、政府监管、运行管理、运维检修、App 服务功能模块。

（1）设备接入。

接受港口岸电设施运营商岸电设施准入登记，通过标准规约，接入车船一体化运营服务平台，进行数据交互的业务。

（2）商户管理。

对船舶岸电的运营商（商户）进行注册签约及组织机构等相关信息维护。对岸电设施的资产台账进行管理。

（3）计量收费。

按照电量数据进行电费、服务费的计算，支持实时计费与周期计费。对各渠道收费情况进行管理，支持支票、转账、微信、支付宝等，对各渠道的收费记录进行对账。

（4）账务管理。

对平台中的账务进行处理，根据不同业务，编制相应的会计分录，记录明细账和总账。跟踪资金变动情况，进行到账登记，生成汇总表、科目平衡表等报表和会计凭证。

（5）清分结算。

清分结算包含与岸电商户之间的清分结算协议签订、清分结算数据生成、清分结算确认、结算票据提交、结算票据确认、结算款划拨、划拨款确认，以及与其他相关方的二级清分。

（6）政府监管。

政府部门从建设监管、运营监管、节能减排监管、区域监管等角度进行监管，为是否新建、扩建、扩容提供决策依据。

（7）运行管理。

对平台接收的岸电设施事件信息进行分析、分类、归并之后形成告警信息，并产生工单，按照一定的分派规则分派给相应的运维单位进行处理。

（8）运维检修。

制定常规的巡视计划、特殊巡视计划、临时检修计划对现场设备进行巡视，同时对发现的缺陷进行管理。对95598反馈的问题形成工单，按照运维检修流程处理。

（9）App服务。

用户使用岸电App进行导航用电、充值。运维人员使用运维App接收工单，并现场处理并反馈工单。

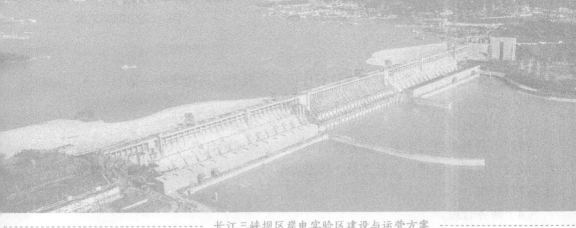

五、投资规模及运营成本估算

（一）岸电投资规模及运营成本

1. 投资规模

岸电设施总投资43 139.11万元，其中码头7595.26万元，锚地35 543.85万元，2018年投资13 234.56万元，2019年投资29 904.55万元，具体情况见表5-1~表5-3。

表 5-1　　　　　　　　　　　码头岸电设施总投资表

序号	类别	岸电设施总投资（万元）					
		设备购置费	安装工程费	建筑工程费	基本预备费	其他费用	合计
1	游轮码头	3755.10	563.79	46.61	135.64	155.81	4656.95
2	滚装船码头	319.72	193.94	1.91	16.33	28.76	560.66
3	干散货码头	843.92	634.36	6.27	46.95	80.39	1611.89
4	综合码头	602.69	107.10	6.19	22.30	27.48	765.76
	合计	5521.43	1499.19	60.98	221.22	292.44	7595.26

表 5-2   锚地岸电设施总投资表

序号	类别	岸电设施总投资（万元）					
		设备购置费	安装工程费	建筑工程费	基本预备费	其他费用	合计
1	丁靠系泊	259.81	54.90	1.43	9.94	15.23	341.31
2	靠船墩系泊	829.77	652.87	0.00	47.10	87.37	1617.11
3	趸船系泊	595.14	17.00	0.00	19.41	34.90	666.45
4	抛锚自泊	7401.45	2764.14	24.88	318.72	433.38	10 942.57
5	多种停泊方式锚地	12 343.00	3503.38	4229.35	640.09	1260.59	21 976.41
	合计	21 429.17	6992.29	4255.66	1035.26	1831.47	35 543.85

表 5-3   分年度岸电设施总投资表

年份	岸电设施总投资（万元）		
	码头	锚地	合计
2018	7010.52	6224.04	13 234.56
2019	584.74	29 319.81	29 904.55
合计	7595.26	35 543.85	43 139.11

2. 运营成本

运营成本包括岸电设施运维、服务管理成本、人工成本、服务平台运营费等，根据项目实施经验，运营成本取总投资的5%，即2156.96万元/年。

3. 全寿命周期效益分析

（1）经济效益分析。

岸电服务费暂按0.6元/kWh收取，建成后新增电量约2374.09万kWh/年，折现率按6%，项目使用年限按15年，岸电补贴按设备购置费的40%考虑。根据测算，长江三峡坝区岸电设施在项目使用年限内无法回收投资，项目净现值为-18 524.21万元，项目经济效益较差。

（2）社会效益分析。

长江三峡坝区岸电项目实施后每年可减少燃油消耗4890.63t，折算标准煤7597.09t，减排二氧化碳18 517.90t，减排二氧化硫、氮氧化物199.42t。

（二）配套电网投资规模及运营成本

1. 投资规模

配套电网总投资2793.13万元，其中码头1548.88万元，锚地1244.27万元，2018年投资1936.41万元，2019年投资856.72万元，具体情况见表5-4。

表5-4   配套电网总投资表

序号	类别	配套电网投资（万元）		
		合计	2018年	2019年
1	码头	1548.88	1242.04	306.84
2	锚地	1244.25	694.37	549.88
	合计	2793.13	1936.41	856.72

2. 运营成本

运营成本包括配电设备运维、服务管理成本、人工成本等，按项目运行经验，配套电网运营成本取总投资的5%，即139.66万元。

（三）运营服务平台投资规模

车船一体化综合运营服务平台总投资3444万元，其中，监控运维模块投资1082万元，资产管理模块投资236万元，船舶关联服务模块投资175万元，清分结算模块投资1127万元，客户管理模块投资122万元，港口岸电App模块投资602万元，运营补充业务模块投资100万元。

（四）水上交通配套设施投资规模

水上交通配套设施总投资为21 120万元，其中码头总投资560万元，锚地总投资20 560万元，2018年投资2560万元，2019年投资18 560万元，具体情况见表5-5。

表5-5   水上交通配套设施总投资表

序号	类别	水上交通配套设施投资（万元）		
		合计	2018年	2019年
1	码头	560	560	0
2	锚地	20 560	2000	18 560
	合计	21 120	2560	18 560

（五）小结

综上所述，码头投资合计13 148.14万元，其中岸电设施投资7595.26万元，配套电网投资1548.88万元，水上交通配套设施投资560万元，运营服务平台投资3444万元；锚地投资合计57 348.12万元，其中岸电设施投资35 543.85万元，配套电网投资1244.27万元，水上交通配套设施投资20 560万元。

码头及锚地的岸电设施运营成本为2156.96万元/年，配套电网运营成本为139.66万元/年，具体情况见表5-6。

表 5-6   投资规模汇总表

序号	类别	投资（万元）					运营成本（万元/年）		
		岸电设施	配套电网	水上交通配套设施	运营服务平台	合计	岸电设施	配套电网	合计
1	码头	7595.26	1548.88	560.00	3444.00	13 148.14	379.76	77.44	457.21
2	锚地	35 543.85	1244.27	20 560.00	0	57 348.12	1777.19	62.21	1839.41
合计		43 139.11	2793.15	21 120.00	3444.00	70 496.26	2156.95	139.65	2296.62

六、结论与保障措施

（一）主要结论

1. 建设范围

建设范围为长江三峡坝区16个码头和12个锚地。

2. 技术方案选择

长江三峡坝区各类型码头及锚地岸电系统建设技术方案，请参照本书"三、建设方案"中所述内容。

3. 里程碑计划

完成长江三峡坝区16个码头和12个锚地岸电建设，其中2018年完成12个码头、沙湾锚地一期和仙人桥锚地一期，2019年完成4个码头、10个锚地、沙湾锚地二期和仙人桥锚地二期。

4. 投资界面

国家电网公司负责配套电网投资，合资公司负责岸电设施投资，交通运输部负责水上交通配套设施投资，国网电动汽车公司负责运营服务平台投资。

5. 工程量清单

长江三峡坝区码头、锚地共新建岸电箱总容量34 000kVA，船电宝总容量

1200kVA，新建箱式变压器容量33 710kVA，水上机器人39台，船电宝配套服务船2艘，充换电站1座。

运营服务管理平台新增岸电设施接入、用户管理、用电服务、财务管理、运维监控、港口岸电App等功能模块。

6. 变电站建设需求

此次岸电工程涉及港口、锚地对应的上级电源有万寿桥、夜明珠等7个110kV变电站，黄牛、三斗坪等5个35kV变电站。上述变电站容量均可满足本次岸电设施建设容量需求，无需新增变电站容量。

7. 建设运营模式

优先推荐合资公司投资建设运营模式，国家电网公司投资建设运营模式作为备选。

8. 投资规模

岸电工程总投资7.04亿元，其中岸电设施4.31亿元，配套电网0.28亿元，水上交通配套设施2.11亿元，运营服务管理平台0.34亿元。

2018年岸电工程总投资2.11亿元，其中岸电设施1.32亿元，配套电网0.19亿元，水上交通配套设施0.26亿元，运营服务平台0.34亿元；2019年岸电工程总投资4.94亿元，其中岸电设施2.99亿元，配套电网0.09亿元，水上交通配套设施1.86亿元。

9. 效益分析

（1）经济效益分析。

根据分类测算的岸电设施经济效益来看，仅游轮码头和综合码头可在项目使用年限内收回投资；其余类别码头和锚地在使用年限内均无法收回投资。将长江三峡坝区岸电工程整体进行经济测算，并考虑运营成本，在项目使用年限内无法回收投资，项目净现值为−18 524.21万元，整体经济效益较差。

（2）社会效益分析。

长江三峡坝区岸电项目实施后每年可减少燃油消耗4890.63t，折算标准煤7597.09t，减排二氧化碳18 517.90t，减排二氧化硫、氮氧化物199.42t。

（二）保障措施

1. 加强组织领导

成立长江三峡坝区岸电建设工作领导小组，协同推进三峡坝区岸电设施建设运营服务工作，主动对接地方政府，加强与相关企业沟通协调，形成工作合力，确保三峡坝区岸电建设全覆盖工作稳步推进。

2. 建立协调机制

岸电建设和运营工作涉及供电、船运、通航等各个方面，工作协调难度大。长江三峡坝区岸电建设运营组各成员单位应加强沟通，建立常态化协调机制，处理工作中遇到的困难和问题，确保顺利完成任务。

3. 强化过程监督

加强对长江三峡坝区岸电建设和运营工作的过程管控，按照统一的标准，高质量完成岸电建设和运营工作，加强岸电推广，实时关注有关岸电建设和运营的社会舆论，及时引导，避免恶性事件发生。

附录1 岸电设施主要设备参数及造价

附表1-1   岸电设施主要设备参数及造价表

种类	序号	名称	型号/规格	单位	单价（万元）
游轮码头	1	户外高压开闭所	5间隔	套	45
	2	高压接电箱	10kV/3000kVA	台	19
	3	电缆收放系统	卷盘：10kV/3000kVA 电缆：8.7/15kV–3×70+1×35+4×2.5 卷盘专用电缆	套	100
	4	滚动式桥架	—	套	24
	5	高压接电箱	10kV/1000kVA	台	18
	6	岸电电源箱式变压器（环网）	10kV/1000kVA	台	55
	7	岸电电源箱式变压器（终端）	10kV/1000kVA	台	55
	8	岸电监控系统	—	套	30
	9	电缆支架	—	m	0.14
	10	岸电箱	0.4kV/500kVA	台	16
	11	10kV高压电缆	YJV22-8.7/15kV-3×70+1×35	m	0.03
	12	10kV高压电缆	YJV22-8.7/15kV-3×25+1×16	m	0.02
	13	低压电缆	0.6/1kV-3×240+1×120	m	0.06
干散货码头	1	电缆收放系统	电缆提升装置	套	35
	2	岸电箱	0.4kV/80kVA	台	10
	3	低压电缆	0.6/1kV-3×120+1×60	m	0.045
滚装船码头	1	电缆收放系统	电缆提升装置	套	35
	2	岸电箱	0.4kV/150kVA	台	12
	3	低压电缆	0.6/1kV-3×120+1×60	m	0.045

续表

种类	序号	名称	型号／规格	单位	单价（万元）
丁靠系泊锚地	1	电缆收放系统	卷盘：400V/60kVA	套	51
	2	钢丝绳卷筒	—	套	25
	3	电缆缆车（含缆车轨道、轨道式电缆缆车）	—	套	50
	4	岸电箱	0.4kV/150kVA，三接口	台	18
	5	岸电箱	0.4kV/100kVA，两接口	台	11
	6	岸电接口箱	0.4kV/150kVA	套	10
	7	低压电缆	0.6/1kV-3×240+1×120	m	0.06
	8	低压电缆	0.6/1kV-3×50+1×25	m	0.03
	9	低压电缆	0.6/1kV-3×25+1×16	m	0.02
	10	低压电缆	0.6/1kV-3×70+1×25	m	0.045
	11	岸电管理系统	—	套	40
	12	400V隔离变压器	—	台	6.5
	13	绝缘监测装置	—	套	10
趸船系泊锚地	1	电缆收放系统	—	套	53
	2	岸电箱	0.4kV/80kVA，两接口	台	13
	3	岸电箱	0.4kV/80kVA	台	10
	4	低压电缆	0.6/1kV-3×50+1×25	m	0.03
	5	低压电缆	0.6/1kV-3×70+1×35	m	0.04
	6	水上机器人	—	台	200
	7	400V隔离变压器	—	台	6.5
	8	绝缘监测装置	—	套	10
	9	岸电管理系统	—	套	40

续表

种类	序号	名称	型号/规格	单位	单价（万元）
靠船墩系泊锚地	1	电缆收放系统	—	套	60
	2	岸电箱	0.4kV/300kVA	台	15
	3	岸电箱	0.4kV/160kVA	台	15
	4	低压电缆	0.6/1kV-3×300+1×150	m	0.08
	5	低压电缆	0.6/1kV-3×150+1×70	m	0.055
	6	低压配电箱	—	个	2
	7	岸电管理系统	—	套	40
	8	水上机器人	—	台	200
	9	400V隔离变压器	—	台	6.5
	10	绝缘监测装置	—	套	10
	11	墩间浮趸	—	套	90
抛锚自泊锚地	1	10kV电缆	8.7/15kV-3×25	m	0.02
	2	电缆收放卷盘	250kVA	套	80
	3	电缆收放卷盘	315kVA	套	53
	4	电缆收放卷盘	800kVA	套	80
	5	电缆收放卷盘	1000kVA	套	85
	6	电缆收放系统	400V/90kVA	套	53
	7	岸电电源箱式变压器	250kVA	台	18
	8	岸电电源箱式变压器	315kVA	台	20
	9	岸电电源箱式变压器	800kVA	台	50
	10	岸电电源箱式变压器	1000kVA	台	55
	11	岸电管理系统	—	套	40
	12	岸电箱	0.4kV/100kVA，两接口	台	16
	13	低压电缆	0.6/1kV-3×50+1×25	m	0.03
	14	电缆支架	—	m	0.1207
	15	水上机器人	—	台	200

续表

种类	序号	名称	型号/规格	单位	单价（万元）
水上综合生态服务中心	1	高压开闭所	5间隔	套	45
	2	电缆收放系统	卷盘：10kV/1250kVA	套	90
	3	滚动式桥架	—	套	24
	4	箱式变压器	10kV/1250kVA	台	55
	5	岸电箱	0.4kV/100kVA，两接口	台	16
	6	岸电管理系统	—	套	40
	7	低压配电箱	—	台	2
	8	低压电缆	0.6/1kV−3×240+1×120	m	0.06
	9	低压电缆	0.6/1kV−3×50+1×25	m	0.03
	10	低压电缆	0.6/1kV−3×150+1×70	m	0.055
	11	供电浮墩	—	套	35
船电宝	1	充换电站	—	座	1800
	2	储能电池	30kWh	套	22.5
	3	储能电池	60kWh	套	45
	4	服务船	配送服务	艘	500

附录2　长江三峡坝区岸电实验区建设甘特图

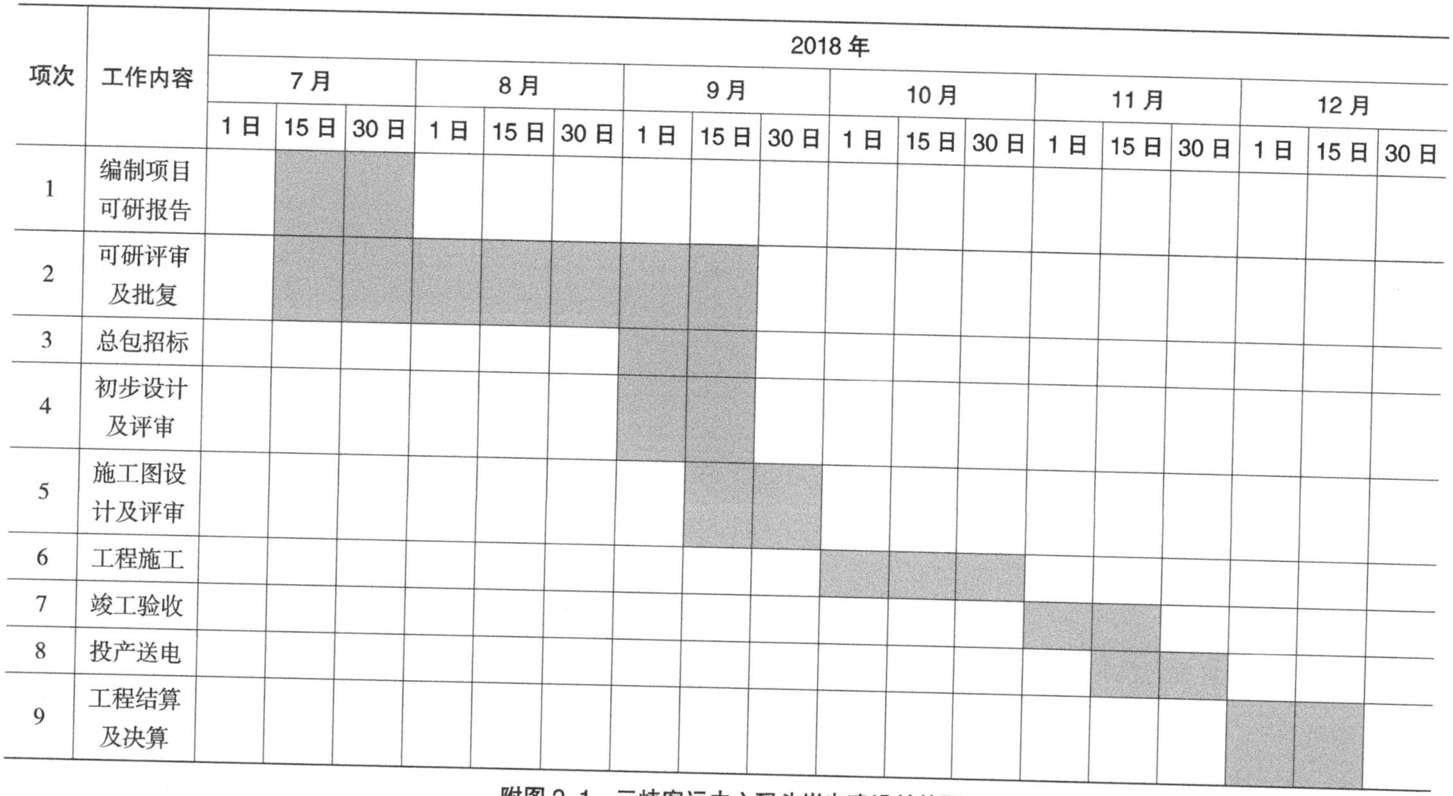

项次	工作内容	2018年																	
		7月			8月			9月			10月			11月			12月		
		1日	15日	30日	1日	15日	30日	1日	15日	30日	1日	15日	30日	1日	15日	30日	1日	15日	30日
1	编制项目可研报告		■	■															
2	可研评审及批复				■	■	■	■											
3	总包招标							■	■										
4	初步设计及评审								■	■									
5	施工图设计及评审									■	■	■							
6	工程施工												■	■	■				
7	竣工验收														■	■			
8	投产送电															■	■		
9	工程结算及决算																	■	■

附图2-1　三峡客运中心码头岸电建设甘特图

65

附图 2-2 交运集团黄柏河码头岸电建设甘特图

项次	工作内容	2018年																	
		7月			8月			9月			10月			11月			12月		
		1日	15日	30日	1日	15日	30日	1日	15日	30日	1日	15日	30日	1日	15日	30日	1日	15日	30日
1	编制项目可研报告		▨	▨															
2	可研评审及批复				▨	▨	▨	▨											
3	总包招标							▨	▨										
4	初步设计及评审							▨	▨										
5	施工图设计及评审									▨									
6	工程施工										▨	▨							
7	竣工验收													▨	▨				
8	投产送电															▨			
9	工程结算及决算																	▨	▨

项次	工作内容	2018 年																						
		7 月			8 月			9 月			10 月			11 月			12 月		
		1 日	15 日	30 日	1 日	15 日	30 日	1 日	15 日	30 日	1 日	15 日	30 日	1 日	15 日	30 日	1 日	15 日	30 日
1	编制项目可研报告																		
2	可研评审及批复																		
3	总包招标																		
4	初步设计及评审																		
5	施工图设计及评审																		
6	工程施工																		
7	竣工验收																		
8	投产送电																		
9	工程结算及决算																		

附图 2-3　汇洋港埠码头岸电建设甘特图

项次	工作内容	2018年																	
		7月			8月			9月			10月			11月			12月		
		1日	15日	30日	1日	15日	30日	1日	15日	30日	1日	15日	30日	1日	15日	30日	1日	15日	30日
1	编制项目可研报告		■	■															
2	可研评审及批复				■	■	■	■											
3	总包招标							■	■										
4	初步设计及评审								■	■									
5	施工图设计及评审										■	■							
6	工程施工												■	■					
7	竣工验收															■	■		
8	投产送电																■	■	
9	工程结算及决算																	■	■

附图2-4 磨盘码头岸电建设甘特图

项次	工作内容	7月 1日	7月 15日	7月 30日	8月 1日	8月 15日	8月 30日	9月 1日	9月 15日	9月 30日	10月 1日	10月 15日	10月 30日	11月 1日	11月 15日	11月 30日	12月 1日	12月 15日	12月 30日
									2018年										
1	编制项目可研报告		■	■															
2	可研评审及批复			■	■	■	■	■	■										
3	总包招标								■	■									
4	初步设计及评审								■	■	■								
5	施工图设计及评审										■	■	■						
6	工程施工												■	■					
7	竣工验收														■	■			
8	投产送电															■	■		
9	工程结算及决算																	■	■

附图 2-5　泰和码头岸电建设甘特图

项次	工作内容	2018年																				
		7月			8月			9月			10月			11月			12月					
		1日	15日	30日	1日	15日	30日	1日	15日	30日	1日	15日	30日	1日	15日	30日	1日	15日	30日			
1	编制项目可研报告		■	■																		
2	可研评审及批复				■	■		■	■													
3	总包招标																					
4	初步设计及评审										■	■	■									
5	施工图设计及评审																					
6	工程施工															■	■	■				
7	竣工验收																	■	■			
8	投产送电																		■			
9	工程结算及决算																			■		

附图2-6 宜昌市成林航运有限责任公司码头岸电建设甘特图

70

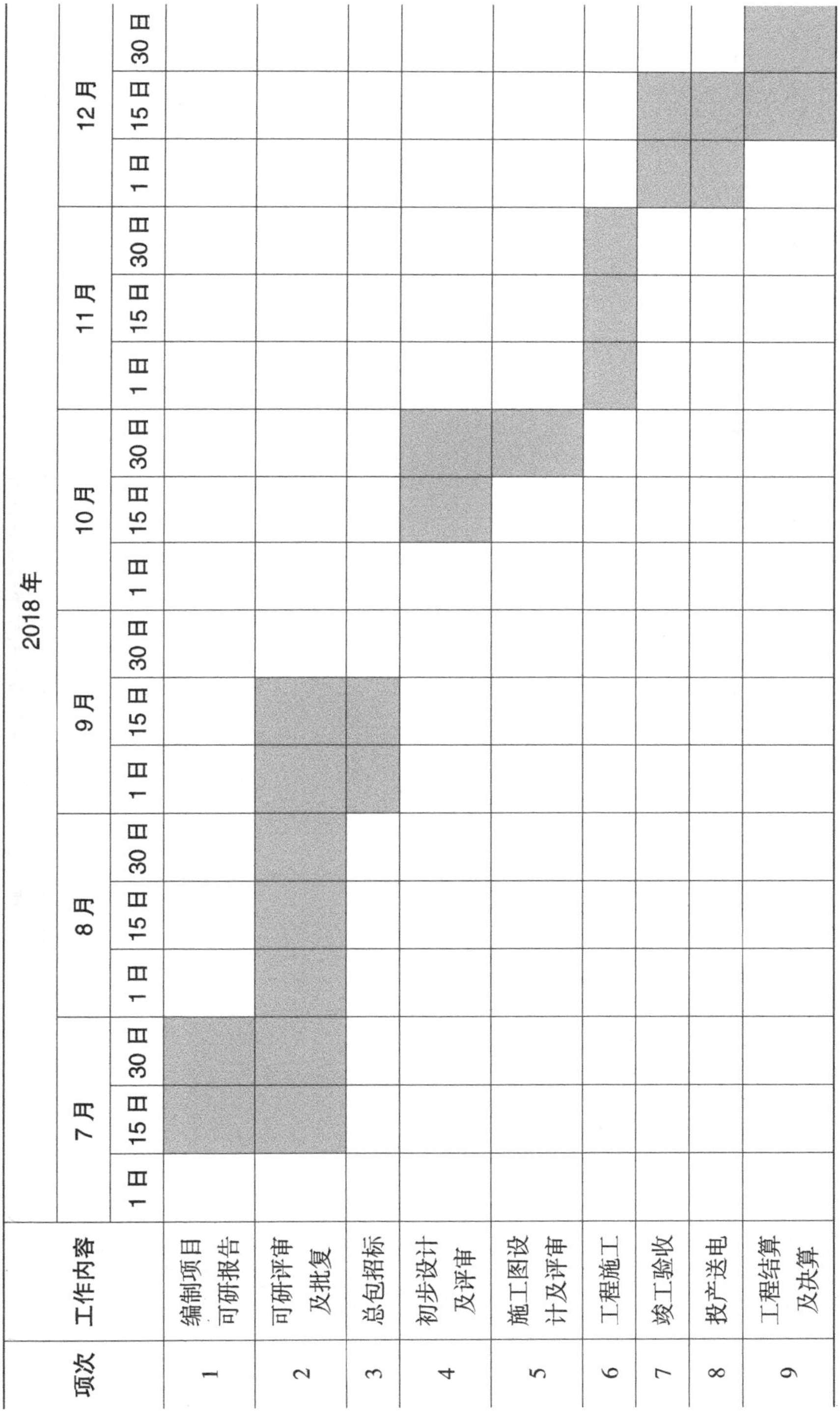

项次	工作内容	2018年 7月	8月	9月	10月	11月	12月
1	编制项目可研报告	■					
2	可研评审及批复		■	■			
3	总包招标			■			
4	初步设计及评审				■		
5	施工图设计及评审					■	
6	工程施工					■	
7	竣工验收						■
8	投产送电						■
9	工程结算及决算						■

附图2-7　黄陵庙旅游码头岸电建设甘特图

项次	工作内容	2018 年																					
		7 月		8 月			9 月			10 月			11 月			12 月		
		1日	15日	30日	1日	15日	30日	1日	15日	30日	1日	15日	30日	1日	15日	30日	1日	15日	30日
1	编制项目可研报告																		
2	可研评审及批复																		
3	总包招标																		
4	初步设计及评审																		
5	施工图设计及评审																		
6	工程施工																		
7	竣工验收																		
8	投产送电																		
9	工程结算及决算																		

附图 2-8　三斗坪旅游码头岸电建设甘特图

项次	工作内容	2018年 7月 1日	15日	30日	8月 1日	15日	30日	9月 1日	15日	30日	10月 1日	15日	30日	11月 1日	15日	30日	12月 1日	15日	30日
1	编制项目可研报告		█	█															
2	可研评审及批复					█	█	█	█										
3	总包招标																		
4	初步设计及评审											█	█						
5	施工图设计及评审																		
6	工程施工													█	█				
7	竣工验收																█		
8	投产送电																	█	
9	工程结算及决算																		█

附图2-9　三游洞旅游码头岸电建设甘特图

项次	工作内容	2018年 7月			8月			9月			10月			11月			12月		
		1日	15日	30日	1日	15日	30日	1日	15日	30日	1日	15日	30日	1日	15日	30日	1日	15日	30日
1	编制项目可研报告		■	■															
2	可研评审及批复				■	■	■	■	■										
3	总包招标								■	■									
4	初步设计及评审											■	■						
5	施工图设计及评审												■	■					
6	工程施工														■	■			
7	竣工验收																■	■	
8	投产送电																■	■	
9	工程结算及决算																		■

附图2-10 太平溪客运港岸电建设甘特图

项次	工作内容	2018年 7月			8月			9月			10月			11月			12月		
		1日	15日	30日	1日	15日	30日	1日	15日	30日	1日	15日	30日	1日	15日	30日	1日	15日	30日
1	编制项目可研报告	■	■																
2	可研评审及批复		■	■															
3	总包招标			■	■														
4	初步设计及评审					■													
5	施工图设计及评审						■	■											
6	工程施工								■	■									
7	竣工验收										■	■							
8	投产送电												■						
9	工程结算及决算														■	■			

附图2-11 茅坪客运码头岸电建设甘特图

项次	工作内容	2018年																				
		7月			8月			9月			10月			11月			12月		
		1日	15日	30日	1日	15日	30日	1日	15日	30日	1日	15日	30日	1日	15日	30日	1日	15日	30日
1	编制项目可研报告																		
2	可研评审及批复																		
3	总包招标																		
4	初步设计及评审																		
5	施工图设计及评审																		
6	工程施工																		
7	竣工验收																		
8	投产送电																		
9	工程结算及决算																		

附图 2-12 银杏沱滚装码头岸电建设甘特图

项次	工作内容	2018 年								2019 年											
		8月	9月	10月	11月	12月	1月	2月	3月	4月	5月	6月	7月	8月	9月	10月	11月	12月			
1	编制项目可研报告	■																			
2	可研评审及批复		■	■	■																
3	总包招标																				
4	初步设计及评审											■		■							
5	施工图设计及评审														■						
6	工程施工															■					
7	竣工验收																	■			
8	投产送电																	■			
9	工程结算及决算																		■		

附图 2-13　宜昌船舶柴油机厂重件码头岸电建设甘特图

77

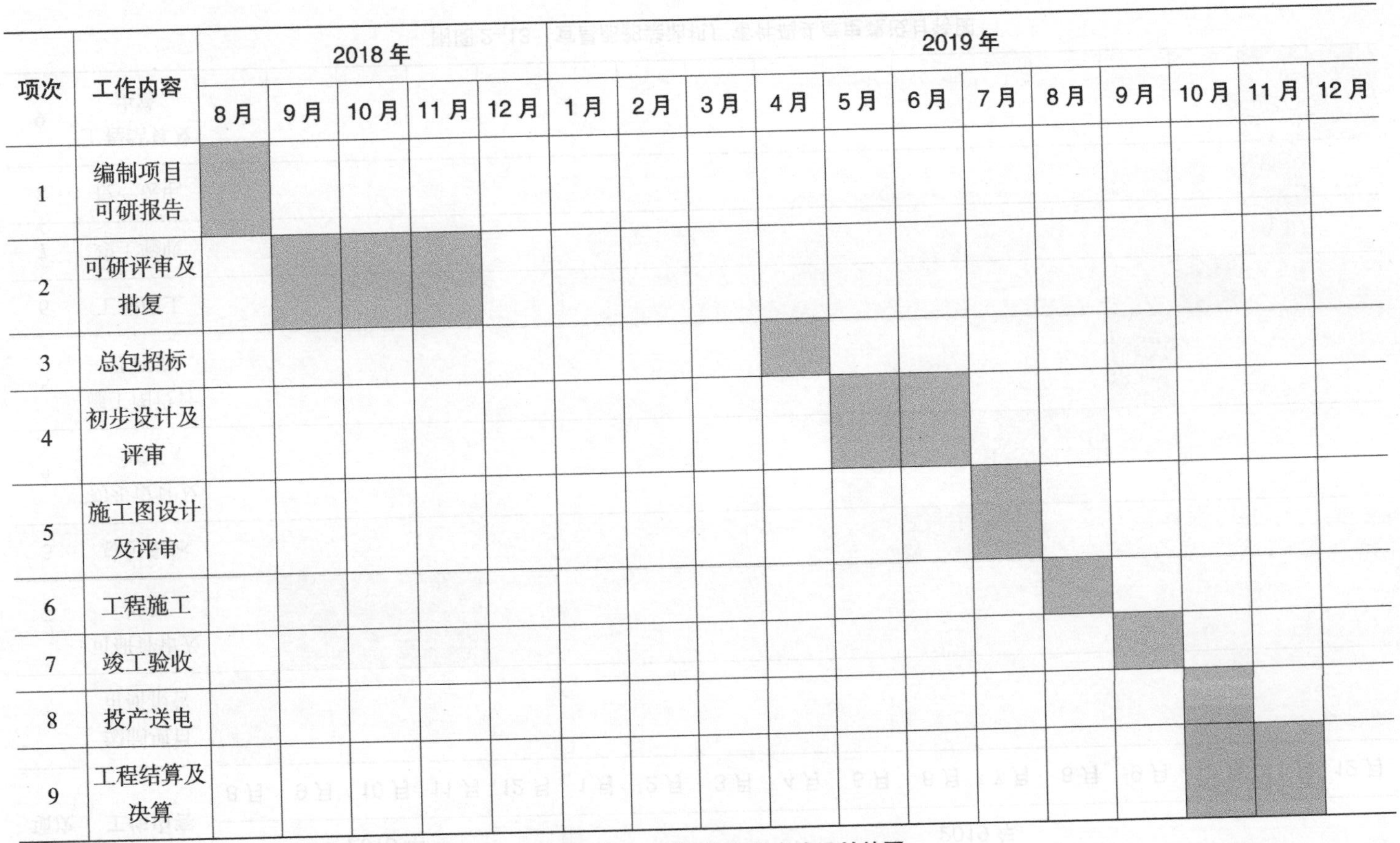

项次	工作内容	2018 年						2019 年											
		8月	9月	10月	11月	12月	1月	2月	3月	4月	5月	6月	7月	8月	9月	10月	11月	12月
1	编制项目可研报告	■																
2	可研评审及批复		■	■	■													
3	总包招标									■								
4	初步设计及评审										■	■						
5	施工图设计及评审												■					
6	工程施工													■				
7	竣工验收														■			
8	投产送电															■	■	
9	工程结算及决算																	■

附图 2-14 福广码头岸电建设甘特图

项次	工作内容	2018年					2019年											
		8月	9月	10月	11月	12月	1月	2月	3月	4月	5月	6月	7月	8月	9月	10月	11月	12月
1	编制项目可研报告	■																
2	可研评审及批复		■	■	■													
3	总包招标									■								
4	初步设计及评审										■							
5	施工图设计及评审											■						
6	工程施工												■					
7	竣工验收													■				
8	投产送电														■			
9	工程结算及决算															■		

附图 2-15 尖棚岭码头岸电建设甘特图

项次	工作内容	2018 年					2019 年											
		8 月	9 月	10 月	11 月	12 月	1 月	2 月	3 月	4 月	5 月	6 月	7 月	8 月	9 月	10 月	11 月	12 月
1	编制项目可研报告	■																
2	可研评审及批复			■	■													
3	总包招标					■												
4	初步设计及评审						■											
5	施工图设计及评审							■	■									
6	工程施工									■	■	■						
7	竣工验收												■					
8	投产送电													■				
9	工程结算及决算														■	■		

附图 2-16 佳鑫码头岸电建设甘特图

项次	工作内容	2018年																	
		7月			8月			9月			10月			11月			12月		
		1日	15日	30日	1日	15日	30日	1日	15日	30日	1日	15日	30日	1日	15日	30日	1日	15日	30日
1	编制项目可研报告		■	■															
2	可研评审及批复				■	■	■	■	■										
3	总包招标								■	■									
4	初步设计及评审									■	■								
5	施工图设计及评审										■	■							
6	工程施工												■	■					
7	竣工验收														■				
8	投产送电															■	■		
9	工程结算及决算																	■	■

附图2-17 沙湾锚地（一期）岸电建设甘特图

项次	工作内容	7月			8月			9月			10月			11月			12月		
		1日	15日	30日	1日	15日	30日	1日	15日	30日	1日	15日	30日	1日	15日	30日	1日	15日	30日
1	编制项目可研报告		▓	▓															
2	可研评审及批复				▓	▓	▓	▓	▓										
3	总包招标								▓	▓									
4	初步设计及评审									▓	▓	▓							
5	施工图设计及评审											▓	▓						
6	工程施工												▓	▓	▓				
7	竣工验收														▓	▓			
8	投产送电																▓		
9	工程结算及决算																	▓	▓

2018年

附图2-18 仙人桥锚地（一期）岸电建设甘特图

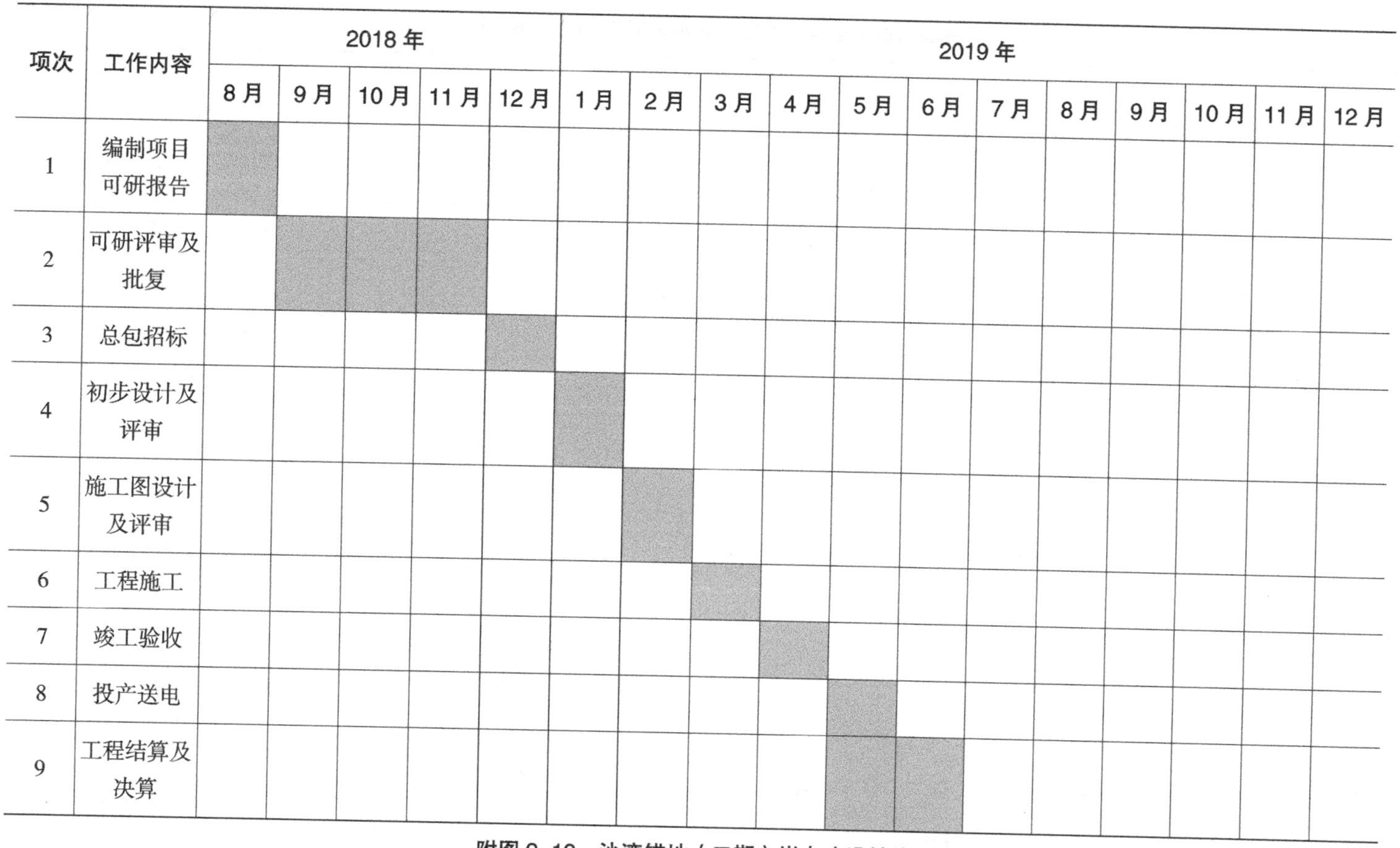

项次	工作内容	2018年 8月	9月	10月	11月	12月	2019年 1月	2月	3月	4月	5月	6月	7月	8月	9月	10月	11月	12月
1	编制项目可研报告	■																
2	可研评审及批复		■	■	■													
3	总包招标					■												
4	初步设计及评审						■											
5	施工图设计及评审							■										
6	工程施工								■									
7	竣工验收									■								
8	投产送电										■							
9	工程结算及决算										■	■						

附图2-19 沙湾锚地（二期）岸电建设甘特图

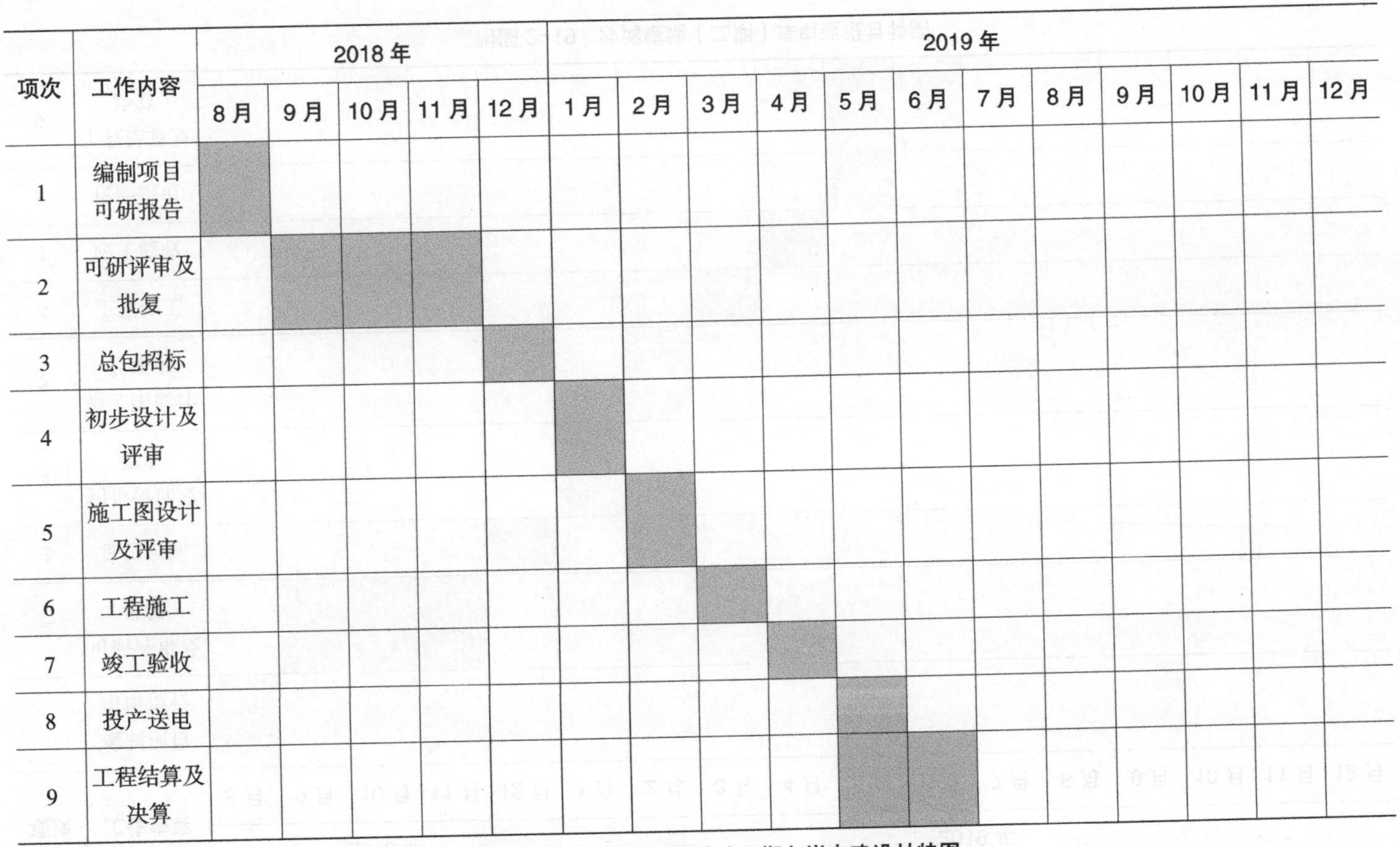

项次	工作内容	2018 年					2019 年										
		8 月	9 月	10 月	11 月	12 月	1 月	2 月	3 月	4 月	5 月	6 月	7 月	8 月	9 月	10 月	11 月	12 月
1	编制项目可研报告	■															
2	可研评审及批复		■	■	■												
3	总包招标					■											
4	初步设计及评审						■										
5	施工图设计及评审							■									
6	工程施工								■								
7	竣工验收									■							
8	投产送电										■	■					
9	工程结算及决算											■	■				

附图 2-20 仙人桥锚地（二期）岸电建设甘特图

84

项次	工作内容	2018年					2019年										
		8月	9月	10月	11月	12月	1月	2月	3月	4月	5月	6月	7月	8月	9月	10月	11月	12月
1	编制项目可研报告	■															
2	可研评审及批复		■	■	■												
3	总包招标					■											
4	初步设计及评审						■										
5	施工图设计及评审							■	■								
6	工程施工										■						
7	竣工验收												■				
8	投产送电													■			
9	工程结算及决算														■		

附图2-21　平善坝锚地岸电建设甘特图

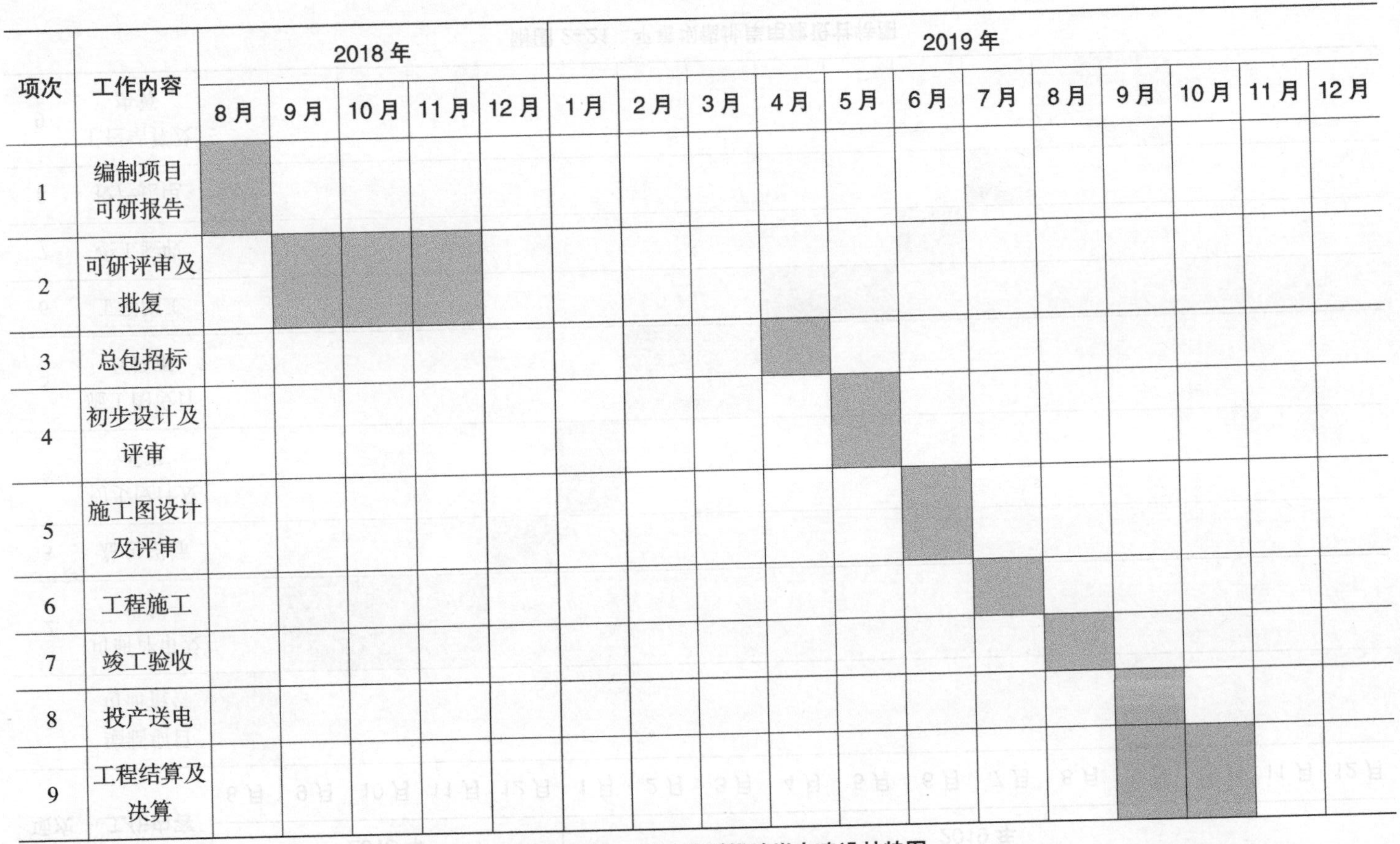

项次	工作内容	2018年					2019年											
		8月	9月	10月	11月	12月	1月	2月	3月	4月	5月	6月	7月	8月	9月	10月	11月	12月
1	编制项目可研报告	■																
2	可研评审及批复		■	■	■													
3	总包招标									■								
4	初步设计及评审										■							
5	施工图设计及评审											■						
6	工程施工												■					
7	竣工验收													■				
8	投产送电														■	■		
9	工程结算及决算															■	■	

附图 2-22 老太平溪锚地岸电建设甘特图

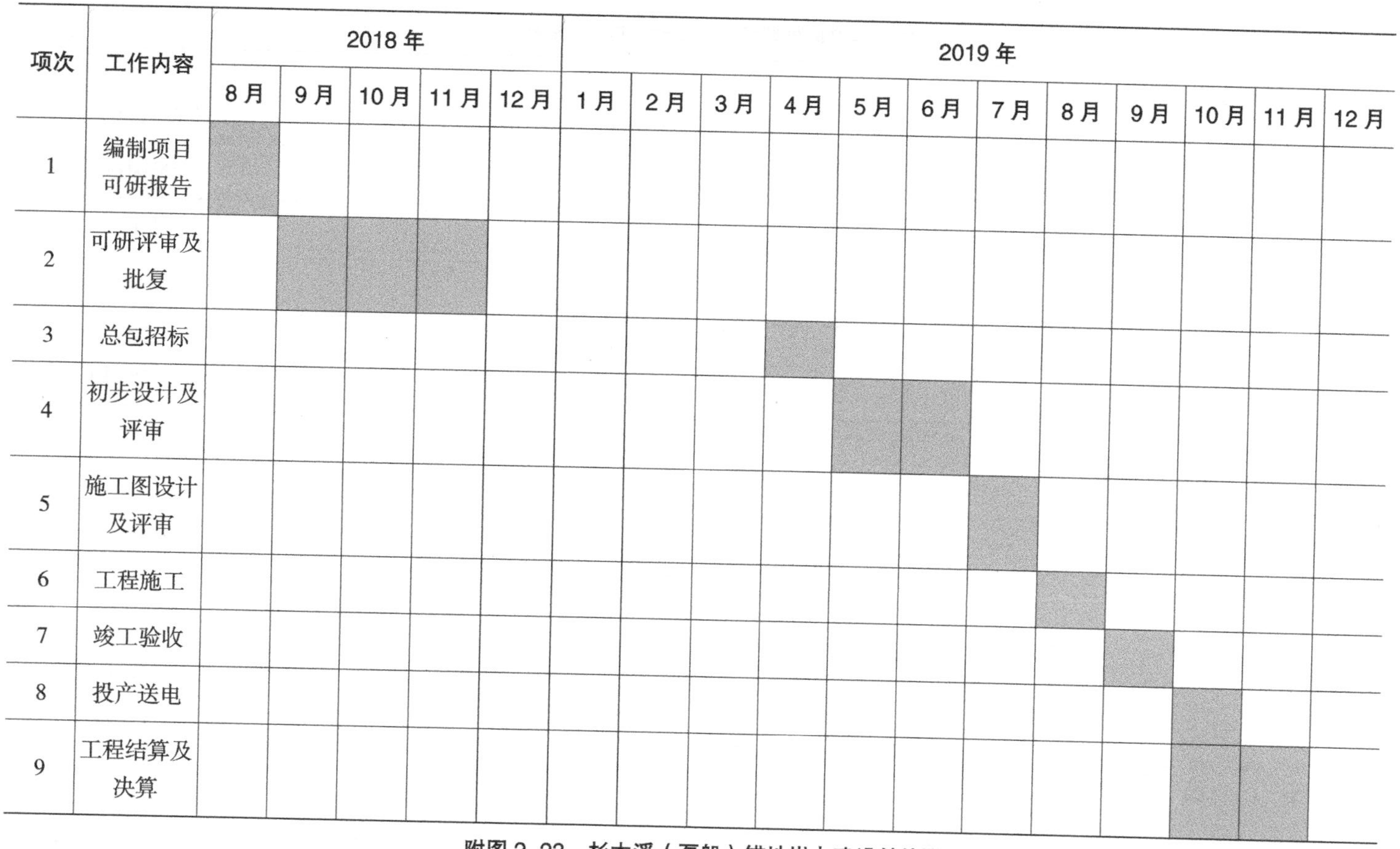

项次	工作内容	2018 年					2019 年											
		8 月	9 月	10 月	11 月	12 月	1 月	2 月	3 月	4 月	5 月	6 月	7 月	8 月	9 月	10 月	11 月	12 月
1	编制项目可研报告	■																
2	可研评审及批复		■	■	■													
3	总包招标									■								
4	初步设计及评审										■	■						
5	施工图设计及评审												■					
6	工程施工													■				
7	竣工验收														■			
8	投产送电															■		
9	工程结算及决算																■	■

附图 2-23　杉木溪（趸船）锚地岸电建设甘特图

87

项次	工作内容	2018 年							2019 年										
		8月	9月	10月	11月	12月	1月	2月	3月	4月	5月	6月	7月	8月	9月	10月	11月	12月
1	编制项目可研报告	■																
2	可研评审及批复		■	■	■													
3	总包招标									■								
4	初步设计及评审										■	■						
5	施工图设计及评审												■					
6	工程施工													■				
7	竣工验收														■			
8	投产送电															■	■	
9	工程结算及决算																	■

附图 2-24 银杏沱锚地岸电建设甘特图

项次	工作内容	2018年					2019年											
		8月	9月	10月	11月	12月	1月	2月	3月	4月	5月	6月	7月	8月	9月	10月	11月	12月
1	编制项目可研报告	■																
2	可研评审及批复		■	■	■													
3	总包招标									■								
4	初步设计及评审											■						
5	施工图设计及评审												■	■	■			
6	工程施工															■		
7	竣工验收																■	
8	投产送电																■	
9	工程结算及决算																	■

附图2-25　临江坪锚地岸电建设甘特图

89

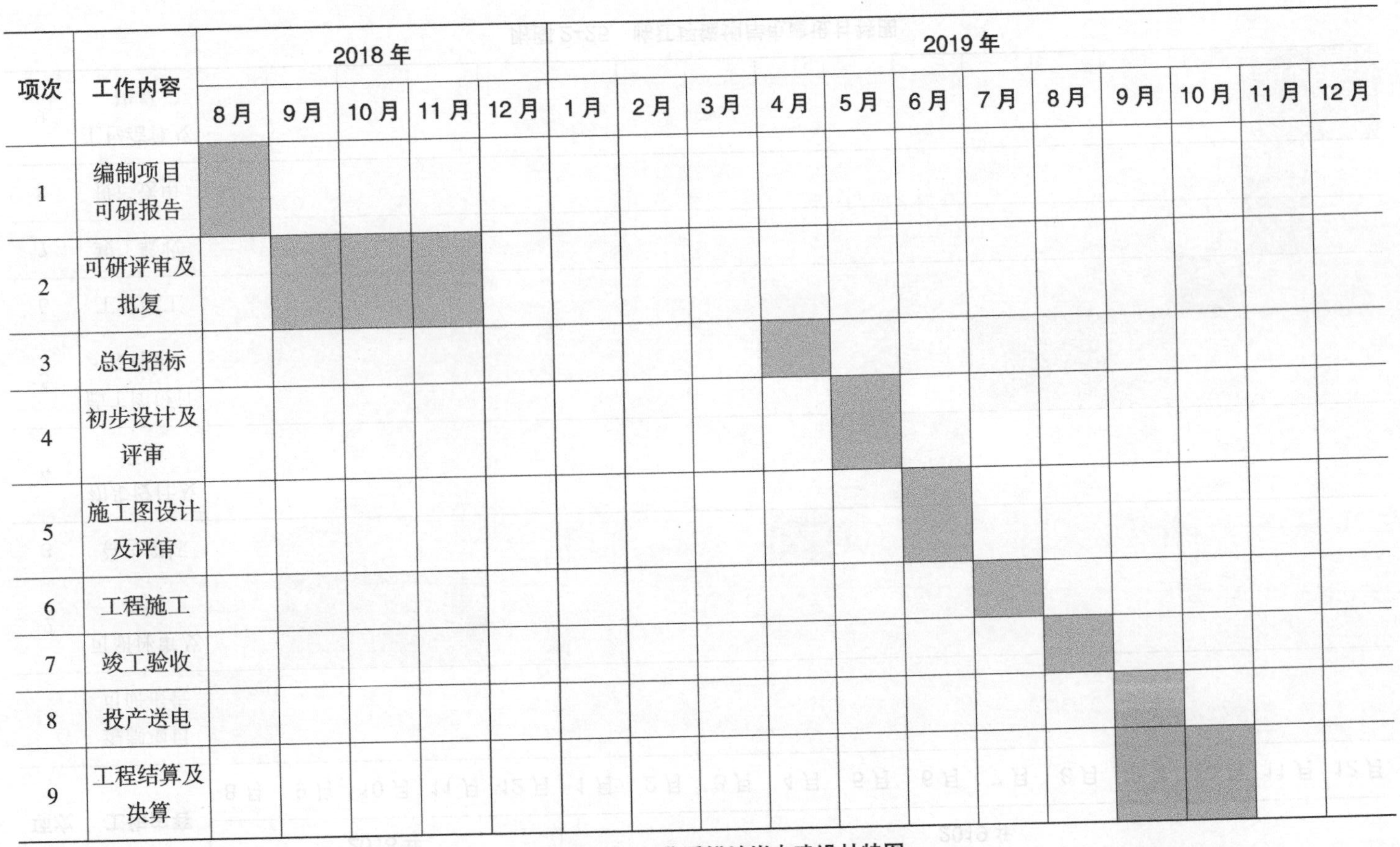

项次	工作内容	2018 年					2019 年											
		8 月	9 月	10 月	11 月	12 月	1 月	2 月	3 月	4 月	5 月	6 月	7 月	8 月	9 月	10 月	11 月	12 月
1	编制项目可研报告	■																
2	可研评审及批复		■	■	■													
3	总包招标									■								
4	初步设计及评审										■							
5	施工图设计及评审											■						
6	工程施工												■					
7	竣工验收													■				
8	投产送电														■			
9	工程结算及决算															■	■	

附图 2-26 曲溪锚地岸电建设甘特图

项次	工作内容	2018年					2019年											
		8月	9月	10月	11月	12月	1月	2月	3月	4月	5月	6月	7月	8月	9月	10月	11月	12月
1	编制项目可研报告	■																
2	可研评审及批复		■	■	■													
3	总包招标									■								
4	初步设计及评审										■	■						
5	施工图设计及评审												■					
6	工程施工													■				
7	竣工验收														■			
8	投产送电															■		
9	工程结算及决算																■	

附图 2-27　百岁溪锚地岸电建设甘特图

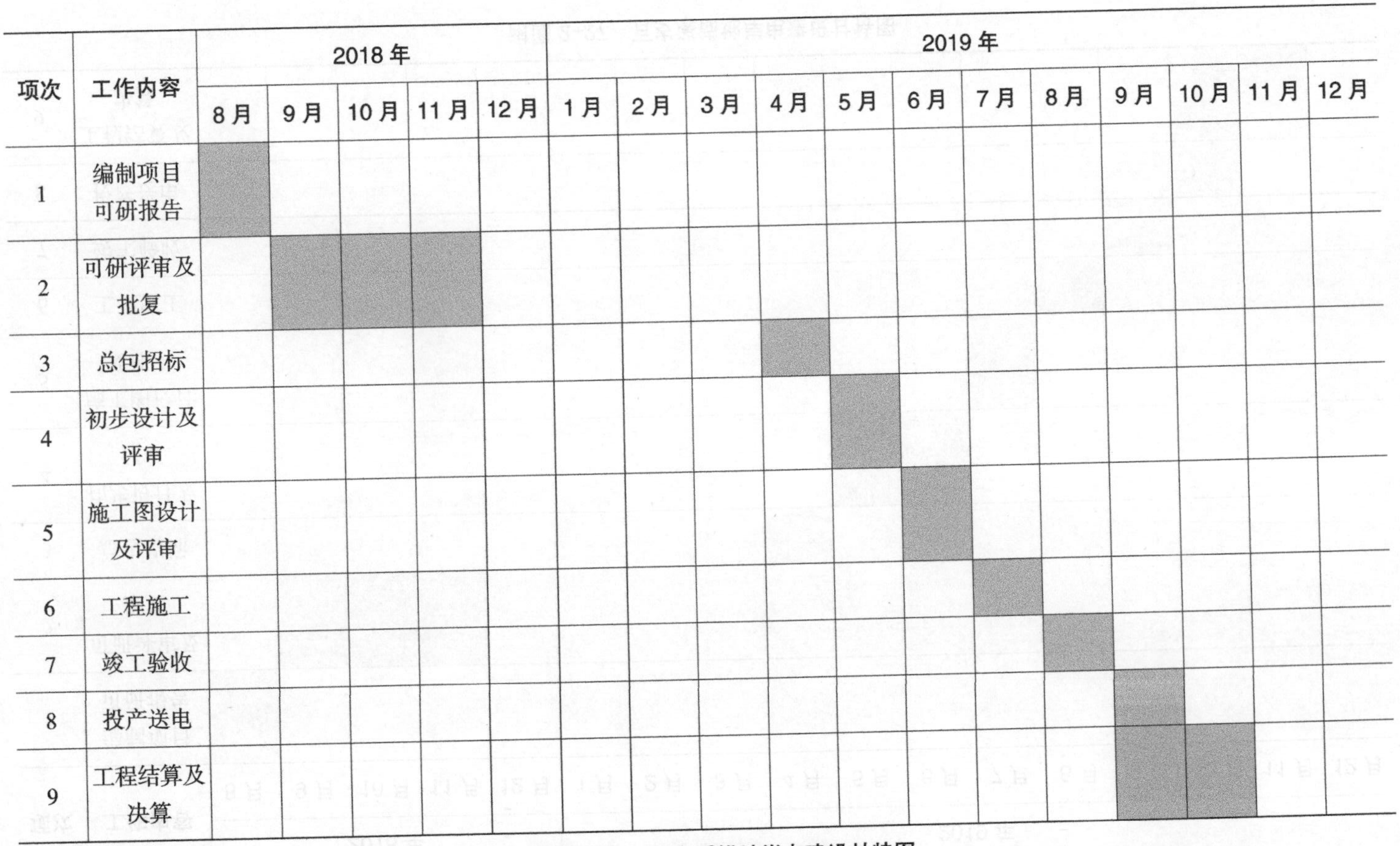

项次	工作内容	2018年					2019年											
		8月	9月	10月	11月	12月	1月	2月	3月	4月	5月	6月	7月	8月	9月	10月	11月	12月
1	编制项目可研报告	■																
2	可研评审及批复			■	■													
3	总包招标									■								
4	初步设计及评审										■							
5	施工图设计及评审											■						
6	工程施工												■					
7	竣工验收													■				
8	投产送电														■			
9	工程结算及决算															■	■	

附图 2-28 端方溪锚地岸电建设甘特图

项次	工作内容	2018 年						2019 年										
		8 月	9 月	10 月	11 月	12 月	1 月	2 月	3 月	4 月	5 月	6 月	7 月	8 月	9 月	10 月	11 月	12 月
1	编制项目可研报告	■																
2	可研评审及批复		■	■	■													
3	总包招标					■												
4	初步设计及评审						■											
5	施工图设计及评审							■	■									
6	工程施工									■	■							
7	竣工验收											■						
8	投产送电												■					
9	工程结算及决算													■	■			

附图 2-29　靖江溪锚地岸电建设甘特图

93

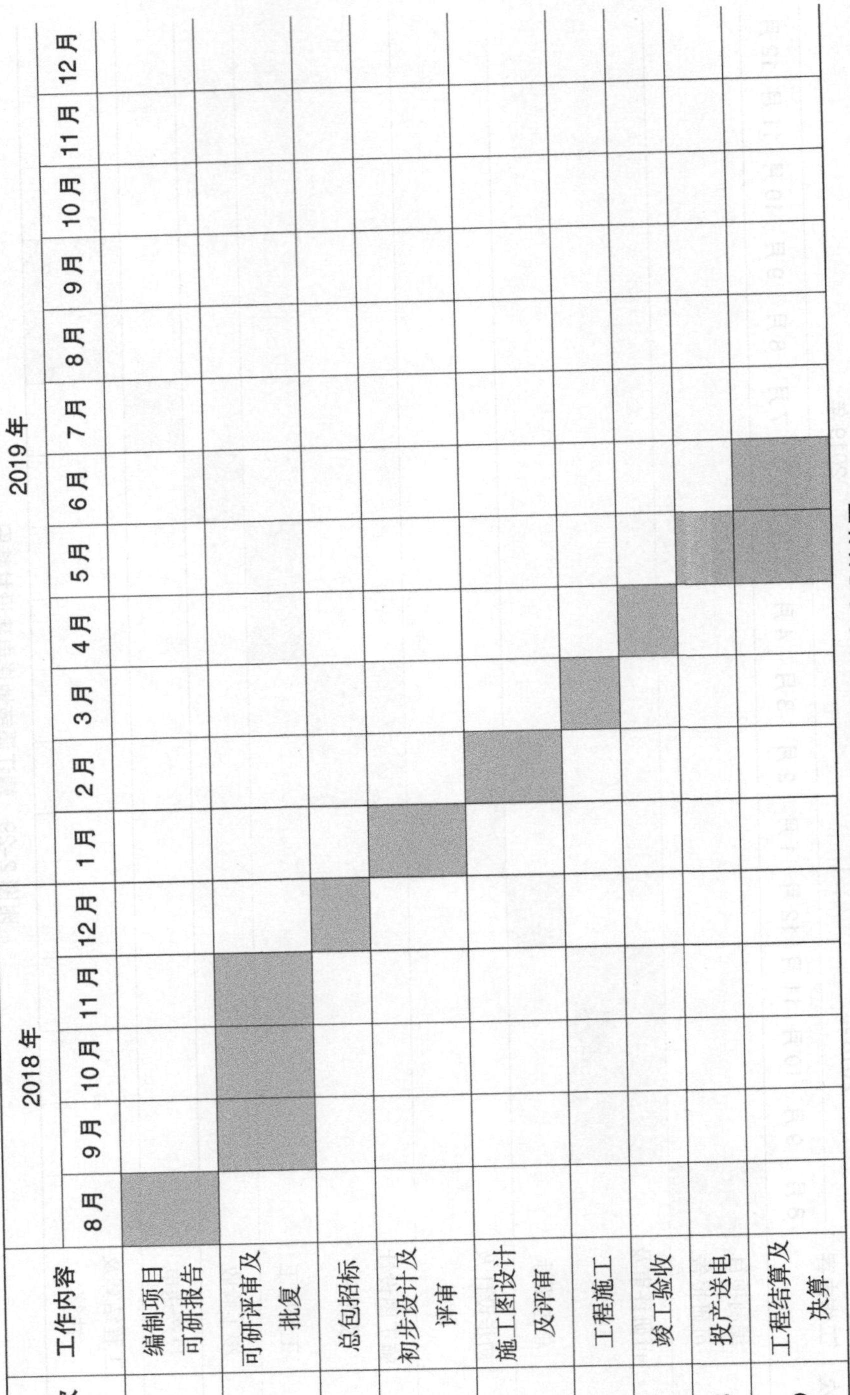

项次	工作内容	2018年					2019年											
		8月	9月	10月	11月	12月	1月	2月	3月	4月	5月	6月	7月	8月	9月	10月	11月	12月
1	编制项目可研报告	■																
2	可研评审及批复		■	■	■													
3	总包招标					■												
4	初步设计及评审						■											
5	施工图设计及评审							■										
6	工程施工								■	■								
7	竣工验收										■							
8	投产送电											■						
9	工程结算及决算												■	■				

附图 2-30　乐天溪锚地岸电建设甘特图

附录3　长江三峡坝区岸电典型供电方式

（一）靠岸固定式供电系统

1. 适用场景特征

（1）直立式码头，岸面与船面垂直距离近，船舶平行于码头靠岸停泊，船舶随水位垂直变化。

（2）岸坡较稳定的锚地，船舶采取垂直于岸线、船首靠岸坡，即丁靠方式进行停泊，水位落差大，斜坡距离长，供电距离远。

2. 供电系统特点

（1）以靠岸、基础固定为主要特征，具备船舶近距离接电，建设工程成本低等显著特点，解决了集装箱、干散货船直立式码头和斜坡道远距离岸基供电问题。

（2）针对直立式码头，系统采用"岸电桩+电缆收放系统+接口箱"方式，将电缆输送至船舶，适应船舶随水位垂直变化。

（3）针对丁靠锚地，系统创新采用"岸电桩+多水位岸基点+可移动接口箱"方式，当水位发生变化时，移动接口箱到相应位置，实现岸电近距离连接船舶。

3. 典型应用

三峡坝区沙湾丁靠锚地，如附图3-1所示。

附图3-1　靠岸固定式供电系统

（二）靠岸浮动式供电系统

1. 适用场景特征

（1）斜坡趸船式码头，斜坡坡度大，水位落差大（最大约30m），供电距离较远。

（2）趸船式码头的单艘游轮供电需求大，且可同时停靠多艘游轮，岸电需求总容量较大。

2. 供电系统特点

（1）以靠岸、基础浮动为主要特征，具备高压电缆随水位自动收放，低压电缆便捷上船等特点，解决了趸船式游轮码头水位落差大、接电距离远、岸电容量大的问题。

（2）创新采用"岸侧高压电源+趸船式高压电缆收放系统+趸船式集装箱式岸基供电"方式，满足游轮靠泊接电需求。

3. 典型应用

三峡坝区秭归港茅坪游轮码头，如附图3-2所示。

附图3-2 靠岸浮动式供电系统

（三）离岸固定式供电系统

1. 适用场景特征

（1）船舶利用固定靠船墩顺岸系泊。

（2）水位落差大、接电不便捷、易碰撞船墩。

2. 供电系统特点

（1）以离岸、基础固定为主要特征，具备水位自适应、运维成本低等特点，解决了集装箱船、滚装船靠船墩停靠时远距离接电问题。

（2）系统创新采用"江底电缆+岸电桩+电缆收放系统+接口箱"方式，可随水位变化自动调整电缆长度。

3. 典型应用

三峡坝区仙人桥靠船墩锚地，如附图3-3所示。

附图3-3　离岸固定式供电系统

（四）离岸浮动式供电系统

1. 适用场景特征

（1）水域广、锚泊船舶数量多、水流速度缓的江心散抛锚地，船舶抛锚自泊、并靠级联。

（2）近距离内无任何供电基础设施，无法为船舶供电。

2. 供电系统特点

（1）以离岸、基础浮动为主要特征，具备电缆自动收放、供电距离远等特点，解决了江心散抛船舶并靠级联接电问题。

（2）创新采用"江底电缆+新设趸船+电缆收放系统+T型连接"方式，远距离输送岸电至江心船舶，如附图3-4所示。

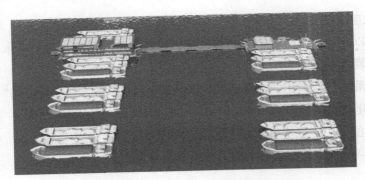

附图 3-4　离岸浮动式供电系统

（五）水上服务区综合能源保障系统

1. 适用场景特征

（1）内河流域水域宽阔、岸线可用、船舶集中、陆域便利区域的水上综合生态服务中心。

（2）其他类似水上航运设施。

2. 供电系统特点

（1）创新采用"岸基杆塔+电缆浮筻+电缆收放系统+集装箱变压器"方式，为水上综合服务中心提供能源保障，亦可为停靠船舶提供岸电连接、船电宝服务，并集成光伏发电系统。

（2）该系统具备江面电缆传输、绿色能源消纳等特点，解决了水上服务中心远距离用电、靠泊船舶使用岸电等问题。

3. 典型应用

三峡坝区沙湾水上综合服务中心，如附图3-5所示。

附图 3-5　水上服务区综合能源保障系统

（六）船电宝充换电服务系统

1. 适用场景特征

（1）2000吨级及以下、辅机功率20kW以下船舶停泊的江心锚地，离岸较远且船舶数量众多。

（2）线缆输电难度大、成本高，且不易进行跨船连接。

2. 供电系统特点

（1）系统创新采用"移动储能单元+充换电站+吊装服务船"方式，通过电动服务船将储能单元根据需要配送至船舶。

（2）系统具备容量配置灵活、不受距离限制等特点，解决了江心锚地岸电建设难、运维难、接电难等问题。

3. 典型应用

三峡坝区沙湾江心锚地，如附图3-6所示。

附图 3-6　船电宝充换电服务系统